Quantum Mechanics

現代量子力学入門

井田大輔 著

QUANTUM
MECHANICS

朝倉書店

まえがき

　本書は朝倉書店の『現代解析力学入門』の続編として書いたものです. 学習院大学の物理学科で担当している「量子力学特論」の講義のメモをもとにしています.

　量子力学の教科書は星の数ほどあるので, 少し変わったものにしようとは思っていました. 主題は, シュレーディンガー方程式を解かない量子力学です.

　大学で量子力学の話をきいたのは, 入学したてのときの化学の授業でした. 今思い出してみても, 原理的にわかりようのない話だったのですが, 当時全く理解できずに途中で教室を去りました. 水素原子のハミルトニアンはこうこうです, $p \mapsto -i\hbar\nabla$ の置き換えをします, というような調子でしたから. そんなこともあり, 量子力学の授業は出たことがないです. テストは受けましたけれど.

　量子力学の教科書は本棚にたくさんもっていました. 母には, 同じ題名の本をなぜ何冊も買うのかと, 呆れたようにいわれたことがあります. 量子力学の教科書はほとんどがシュレーディンガー方程式を解く話だったので, 特に面白いというわけではありませんでした. 大体解き方は決まっていますし. 波動関数の崩壊とか, シュレーディンガーの猫だとかいう話は好きでした.

　シュレーディンガー方程式を解かない話で, 誰もが疑問に思うけれど, 答えるのが難しそうなものをいくつか選びました. 量子力学のルール説明と, その周辺のことが中心になっています. 特に量子力学についてはそうですが, 最初にルールをきちんと理解してから, 進めていくのがよいです.

　量子力学の教科書を読んで勉強をして, 疲れてしまった人, 行き詰まってしまった人が本書を手にとって, どこか面白いと思うところを見つけてくれたら, それ以上嬉しいことはありません. 本書を執筆するにあたっては, 学習院大学理学部の田﨑晴明さん, 白石直人さん, 齊藤結花さんに貴重なアドバイスを頂きました. ありがとうございました.

　2021 年 6 月

井 田 大 輔

目　　次

1

複素ユークリッド・ベクトル空間

量子力学の舞台は複素ユークリッド・ベクトル空間，または無限次元のヒルベルト空間です．完備な内積を備えた複素ベクトル空間のことです．ウォーミングアップとして，最初に有限次元の複素ユークリッド・ベクトル空間とその上の線形作用素の基本事項を説明します．無限次元の場合については3章で扱います．

■ 1.1 複素ユークリッド・ベクトル空間

量子力学のルール説明を始めていきます．最初は，量子力学系の状態がどう表現されるのかというところから．古典力学での記述のしかたとは全く違うので，この段階で何をしていることになっているのかはわからないと思います．ただのゲームの説明だと思っておくとよいです．ゲームの主な目的は，自然現象を理解するための方法を見つけることにあります．

最初のルールです．

ルール1：状態の完全な記述
物理系には n 次元複素ユークリッド・ベクトル空間 $\mathcal{H}$ が付随していて，系の状態の完全な記述は $\mathcal{H}$ の射線によってあたえられる．

n 次元複素ベクトル空間は，n 個のベクトル $e_1, e_2, \ldots, e_n$ からなる基底をもちます．基底を用いると，任意のベクトル α は

$$\alpha = \alpha_1 e_1 + \alpha_2 e_2 + \cdots + \alpha_n e_n, \quad (\alpha_1, \ldots, \alpha_n \in \mathbb{C})$$

と一意的に書き表すことができます．複素数の組 ${}^t(\alpha_1, \ldots, \alpha_n)$ をベクトル α の，この基底に関する成分といいます．括弧についている「t」は転置の記号で，これがついているのは，縦に並べて

$$
{}^t(\alpha_1, \ldots, \alpha_n) = \begin{pmatrix} \alpha_1 \\ \alpha_2 \\ \vdots \\ \alpha_n \end{pmatrix}
$$

としたものだとみなしているからです.

　有限個の基底をもたない複素ベクトル空間もあります. 無限次元複素ベクトル空間といいます. 例えば複素数値関数 $\alpha : \mathbb{R} \to \mathbb{C}$ 全体のなす集合です. 関数の空間, 関数空間です. 実数 x に対して複素数値 $\psi(x)$ をかえす関数の間には, 関数としての和と複素数倍がそれぞれ $(\psi + \phi)(x) := \psi(x) + \phi(x), (a\psi)(x) := a \times \psi(x)$ と定義できます. 関数空間は複素ベクトル空間ですが, 有限個の関数からなる基底を見つけることができないでしょう.

　量子力学ではこのような関数空間を扱わないといけないのですが, しばらく n 次元複素ベクトル空間を考えて, 無限次元の場合はルール説明をきちんとしたあとで扱います.

　内積についてです. 内積は 2 つのベクトルから数を出してくる一定のルールのことです. 量子力学では, 測定結果の予言は内積を用いて表されます. $\alpha = {}^t(\alpha_1, \ldots, \alpha_n), \beta = {}^t(\beta_1, \ldots, \beta_n)$ として, $\overline{a}$ で複素数 a の複素共役を表すことにすれば, 内積は

$$
\alpha \cdot \beta = \overline{\alpha}_1 \beta_1 + \overline{\alpha}_2 \beta_2 + \cdots + \overline{\alpha}_n \beta_n
$$

と, はじめからあたえられていると思うかもしれませんがそうではないです. ベクトル空間といえば, 和とスカラー倍が備わっているだけで, 内積はそのあとで必要なら備えつける別の構造です. $\alpha = {}^t(\alpha_1, \ldots, \alpha_n)$ などの表示は, 基底の選び方によります. 当然上の $\alpha \cdot \beta$ も基底の選び方によっています. 基底の選び方によるということは, それ自体に何か特別な意味があるわけではないということです.

　別の言い方をすれば, 内積はいくらでも定義しようがあって, 目的に応じてそれを 1 つ決めるようになっています. あるいは, 何かしらの内積が 1 つあったとしましょう, と考えます. ただし, 内積としてみたすべき最低限の性質がいくつかあります.

(定義) 内積

　複素ベクトル空間 $\mathcal{H}$ の内積とは,

$$\langle \ , \ \rangle : \mathcal{H} \times \mathcal{H} \longrightarrow \mathbb{C}$$

であって, 以下の性質をみたすもの.

1) 第 2 スロットに関する線形性 :

$$\langle \alpha, \beta + a\gamma \rangle = \langle \alpha, \beta \rangle + a \langle \alpha, \gamma \rangle, \quad (\alpha, \beta, \gamma \in \mathcal{H}, a \in \mathbb{C})$$

2) エルミート性 :

$$\overline{\langle \alpha, \beta \rangle} = \langle \beta, \alpha \rangle, \quad (\alpha, \beta \in \mathcal{H})$$

3) 正値性 :

$$\langle \alpha, \alpha \rangle > 0, \quad (\alpha \in \mathcal{H} \setminus \{0\})$$

最後の括弧の中の 0 はゼロベクトル $^t(0, 0, \ldots, 0)$ を表しています. 複素数のゼロと同じ記号を使いますが, 混同することはないでしょう.

内積は第 1 スロットに関しては線形ではなくて,

$$
\begin{aligned}
\langle \alpha + a\beta, \gamma \rangle &= \overline{\langle \gamma, \alpha + a\beta \rangle} \\
&= \overline{\langle \gamma, \alpha \rangle + a \langle \gamma, \beta \rangle} \\
&= \overline{\langle \gamma, \alpha \rangle} + \overline{a} \overline{\langle \gamma, \beta \rangle} \\
&= \langle \alpha, \gamma \rangle + \overline{a} \langle \beta, \gamma \rangle
\end{aligned}
$$

となります. これは 2 つのことを同時にいっています. ひとつは $\langle \ , \gamma \rangle$ の第 1 スロットに, α と β を足してから代入するのと, α と β をそれぞれ代入してから足した結果が等しいということ. もうひとつは β を a 倍してから代入するのと, β を代入してから $\overline{a}$ 倍した結果が等しいということ. このような性質を共役線形といいます. 反線形ともいいます. 内積は, 第 1 スロットに関して共役線形, 第 2 スロットに関して線形です.

エルミート性から, $\langle \alpha, \alpha \rangle$ が実数だとわかりますが, ゼロでないベクトル α に対して $\langle \alpha, \alpha \rangle > 0$ が要求されます. ゼロベクトルに対しては, 線形性から $\langle 0, 0 \rangle = \langle 0, 0\alpha \rangle = 0 \langle 0, \alpha \rangle = 0$ なので, $\langle \alpha, \alpha \rangle = 0$ と $\alpha = 0$ は同値だということもわかります.

内積の備わった複素ベクトル空間には,

$$\|\alpha\| := \sqrt{\langle \alpha, \alpha \rangle}$$

によってベクトル α の「ノルム」が定義できます. ノルムはベクトルの長さのこ

とです.

　それから, 内積によって 2 つのベクトルの「直交」という概念がうまれます. 2
つのゼロでないベクトル α, β は, $\langle \alpha, \beta \rangle = 0$ のとき互いに直交するといいます.

ベクトルのノルム, 直交

　内積の備わった複素ベクトル空間には, ベクトルのノルム, ベクトルが直交すると
いう概念がある.

逆にいうと, 内積が備わっていないただのベクトル空間では, ベクトルがこれこれ
の長さだとか, 2 つのベクトルが直交しているとかいっても意味がないです.

　内積の備わった複素ベクトル空間の基底を, $e_1, \ldots, e_n$ とします. これから出発
して, すべてノルムが 1 で, 互いに直交するような基底を作ることができます.

グラム・シュミットの直交化

　$e_1, \ldots, e_n$ を, 内積の備わった n 次元複素ベクトル空間の基底とする.

$$e_1' = e_1,$$

$$e_2' = e_2 - \frac{\langle e_1', e_2 \rangle}{\|e_1'\|^2} e_1',$$

$$e_3' = e_3 - \frac{\langle e_1', e_3 \rangle}{\|e_1'\|^2} e_1' - \frac{\langle e_2', e_3 \rangle}{\|e_2'\|^2} e_2',$$

$$\vdots$$

$$e_n' = e_n - \frac{\langle e_1', e_n \rangle}{\|e_1'\|^2} e_1' - \frac{\langle e_2', e_n \rangle}{\|e_2'\|^2} e_2' - \cdots - \frac{\langle e_{n-1}', e_n \rangle}{\|e_{n-1}'\|^2} e_{n-1}'$$

とすれば, $e_1', \ldots, e_n'$ はどの 2 つをとっても互いに直交している. さらに,

$$e_1'' = \frac{e_1'}{\|e_1'\|}, \ldots, e_n'' = \frac{e_n'}{\|e_n'\|}$$

とすれば, $e_1'', \ldots, e_n''$ はすべてノルムが 1 で, どの 2 つをとっても互いに直交して
いる.

　上で構成した $e_1'', \ldots, e_n''$ と同様の性質をもつ基底を正規直交基底といって, 特
に便利な基底です.

(定義) 正規直交基底

　内積の備わった n 次元複素ベクトル空間の n 個のベクトルの組 $e_1, \ldots, e_n$ が, n 以

下の自然数の組 (i, j) に対して

$$\langle e_i, e_j \rangle = \delta_{ij} = \begin{cases} 1, & (i = j) \\ 0, & (i \neq j) \end{cases}$$

をみたすとき, 正規直交基底をなすという.

正規直交基底を用いてベクトルを

$$\alpha = \alpha_1 e_1 + \cdots + \alpha_n e_n,$$
$$\beta = \beta_1 e_1 + \cdots + \beta_n e_n$$

と表すと, 内積は

$$\begin{aligned} \langle \alpha, \beta \rangle &= \left\langle \sum_{i=1}^{n} \alpha_i e_i, \sum_{j=1}^{n} \beta_j e_j \right\rangle \\ &= \sum_{i,j=1}^{n} \overline{\alpha}_i \beta_j \langle e_i, e_j \rangle \\ &= \sum_{i,j=1}^{n} \overline{\alpha}_i \beta_j \delta_{ij} \\ &= \overline{\alpha}_1 \beta_1 + \cdots + \overline{\alpha}_n \beta_n \end{aligned}$$

と標準的な形になっています. このことがあるので, 最初から, 状態の空間は n 次元複素ベクトル空間で, 内積が上の式であたえられている, といってもよいことになります. この, 内積の備わった n 次元複素ベクトル空間を, n 次元複素ユークリッド・ベクトル空間といいます.

物理系の状態は, 複素ユークリッド・ベクトル空間 $\mathcal{H}$ の射線で表されます. 射線というのは, ベクトル空間の原点を通る直線のことです. 直線といっても, 複素ベクトル空間の直線は, 実の世界でみたら平面になっています.

(定義) 射線

α を内積の備わった複素ベクトル空間 $\mathcal{H}$ のゼロでないベクトルとする. $\mathcal{H}$ の部分集合

$$\mathbb{C}\alpha = \{a\alpha | a \in \mathbb{C}\}$$

を α を通る射線という.

射線 $\mathbb{C}\alpha$ は, それ自体 1 次元ベクトル空間となっていますが, 複素 1 次元なの

で, 複素平面と同じものです. 平面になるといったのはこのことです. $\mathbb{C}\alpha$ が系の状態を表しているというのは, $\mathbb{C}\alpha$ に属するゼロでないベクトルはすべて同じ状態に対応すると考えればよいです. 実際には, $\mathbb{C}\alpha$ に属するゼロでないベクトルをどれでもよいので1つ代表としてとってきて,「量子状態」だといいます. 代表のとり方として, 単位ベクトル, つまりノルムが1のものをとることが多くて, 規格化された状態という言い方をします. $\|\alpha\| = 1$ だったとすると, α が規格化された状態です. ただし, 規格化された状態のとり方には, $e^{i\theta}$ 倍する不定性があります. 状態は規格化されたベクトルで表す, と聞いたことがあるかもしれませんが, たまたま代表のとり方をそう決めましたという意味です.

状態がベクトルで表されるということは, 2つ以上の状態の足し算を考えられるということを意味しています. 状態の重ね合わせといいます. 状態の重ね合わせがおこるのが, 古典力学では理解できない, 量子力学的な現象の根底にあります.

状態の完全な記述が射線 $\mathbb{C}\alpha$ で表されるといいました. より不完全な情報しかもたない状態も考えることになります. そのような状態は, ベクトルでは表せません. 2章であらためて明らかにします.

■ 1.2 線形作用素

複素ユークリッド・ベクトル空間 $\mathcal{H}$ 上の線形作用素とは, $A : \mathcal{H} \to \mathcal{H}$ で,

$$A(\alpha + a\beta) = A(\alpha) + aA(\beta), \quad (\alpha, \beta \in \mathcal{H}, a \in \mathbb{C})$$

をみたすもののことです. $A(\alpha)$ を普通は $A\alpha$ と書きます. $\mathcal{H}$ 上の線形作用素全体のなす集合を $\mathrm{End}(\mathcal{H})$ と書きます.

$\mathcal{H}$ のベクトル α は, 正規直交基底 $e_1, \ldots, e_n$ を用いて

$$\alpha = \sum_{i=1}^{n} \alpha_i e_i$$

と表せます. 基底を決めると α は縦ベクトル $^t(\alpha_1, \ldots, \alpha_n)$ とみなせます. ベクトルに対する線形作用素 A の働きは, 基底を決めると,

$$A : \begin{pmatrix} \alpha_1 \\ \alpha_2 \\ \vdots \\ \alpha_n \end{pmatrix} \longmapsto \begin{pmatrix} A_{11} & A_{12} & \cdots & A_{1n} \\ A_{21} & A_{22} & \cdots & A_{2n} \\ \vdots & \vdots & \ddots & \vdots \\ A_{n1} & A_{n2} & \cdots & A_{nn} \end{pmatrix} \begin{pmatrix} \alpha_1 \\ \alpha_2 \\ \vdots \\ \alpha_n \end{pmatrix}$$

と n 次の複素正方行列で表せます. 複素数 A_{ij} をこの基底での A の (i,j) 成分といいます. 上は,

$$(A\alpha)_i = \sum_{j=1}^{n} A_{ij}\alpha_j$$

とも書けます.

e_j の成分が $(e_j)_l = \delta_{jl}$ なので,

$$(Ae_j)_k = \sum_{l=1}^{n} A_{kl}(e_j)_l = \sum_{l=1}^{n} A_{kl}\delta_{jl} = A_{kj}.$$

これから,

$$\langle e_i, Ae_j \rangle = \left\langle e_i, \sum_{k=1}^{n} (Ae_j)_k e_k \right\rangle = \sum_{k=1}^{n} (Ae_j)_k \langle e_i, e_k \rangle = \sum_{k=1}^{n} A_{kj}\delta_{ik} = A_{ij}$$

です. A_{ij} は $\langle e_i, Ae_j \rangle$ のことです.

すべてのベクトルをゼロベクトルに写す写像 $O : \alpha \mapsto 0$ は当たり前に線形作用素で, ゼロ作用素といいます. 何もしない写像 $I : \alpha \mapsto \alpha$ も線形作用素で, 恒等作用素といいます. 恒等作用素の任意の基底での, 特に正規直交基底での成分は,

$$I_{ij} = \delta_{ij}$$

です.

$(A + B)\alpha := A\alpha + B\alpha$ によって, 線形作用素の和が定義されます. また a を複素数として, $(aA)\alpha := a(A\alpha)$ によって, 線形作用素のスカラー倍が定義されます. これらによって, 線形作用素の空間 $\mathrm{End}(\mathcal{H})$ は複素ベクトル空間の構造をもちます.

それだけでなく, $(AB)\alpha := A(B\alpha)$ によって, 線形作用素の積が定義されます. B と A を続けて作用させてできる線形作用素のことです. 線形作用素の積の, 正規直交基底における成分は,

$$[(AB)\alpha]_i = \sum_{j=1}^{n} (AB)_{ij}\alpha_j$$

$$[A(B\alpha)]_i = \sum_{k=1}^{n} A_{ik}(B\alpha)_k = \sum_{j,k=1}^{n} A_{ik}B_{kj}\alpha_j = \sum_{j=1}^{n} \left(\sum_{k=1}^{n} A_{ik}B_{kj} \right) \alpha_j$$

より,

$$(AB)_{ij} = \sum_{k} A_{ik}B_{kj}$$

です. これは行列の積の成分になっています.

　線形作用素 A に対して, $BA = AB = I$ となる線形作用素 B があったとき, B を A の逆作用素といい, A^{-1} と書きます. A を任意にあたえたとき, A^{-1} はいつも存在するとは限りません. なお, 有限次元のベクトル空間では, $AB = I$ なら自動的に A と B は可換で, $BA = I$ です. A^{-1} の正規直交基底における成分は, A の成分のなす n 次複素正方行列の逆行列です.

　正規直交基底を 1 つ固定して, (i,j) 成分が $\overline{(A_{ji})}$ となるような線形作用素のことを, A^* と書いて, A の共役作用素といいます. 特定の基底を用いずにいうと以下になります.

> **(定義) 共役作用素**
>
> 　複素ユークリッド・ベクトル空間 $\mathcal{H}$ 上の線形作用素 A に対して,
>
> $$\langle \alpha, A\beta \rangle = \langle B\alpha, \beta \rangle$$
>
> がすべての $\alpha, \beta \in \mathcal{H}$ に対して成り立つような線形作用素 B を A の共役作用素といい, A^* と表す.

　$\alpha = e_i,\ \beta = e_j$ とすると,

$$A_{ij} = \langle e_i, A e_j \rangle = \langle A^* e_i, e_j \rangle = \overline{\langle e_j, A^* e_i \rangle} = \overline{(A^*)_{ji}}$$

より, $(A^*)_{ij} = \overline{A_{ji}}$ です. $\overline{A_{ji}}$ は $\overline{(A_{ji})}$ と書くべきですが, いちいちそう書くのは面倒ですし, 見にくくなるので, 以後は誤解の生じそうもない限り, このような書き方をします. A の共役作用素の正規直交基底における成分は, A の成分のなす行列のエルミート共役行列です.

　エルミート作用素は, $A^* = A$ となるものです.

> **(定義) エルミート作用素**
>
> 　複素ユークリッド・ベクトル空間上の線形作用素 A は, $A^* = A$ をみたすとき, エルミート作用素であるという.

　つまり, $\langle \alpha, A\beta \rangle = \langle A\alpha, \beta \rangle = \overline{\langle \beta, A\alpha \rangle}$ となるものです. この式を正規直交基底を用いて成分で表すと,

$$\sum_{i,j=1}^{n} \overline{\alpha_i} A_{ij} \beta_j = \sum_{i,j=1}^{n} \overline{\overline{\beta_i} A_{ij} \alpha_j} = \sum_{i,j=1}^{n} \overline{\alpha_i} \overline{A_{ji}} \beta_j$$

です. すべての α, β で成り立つので, $A_{ij} = \overline{A_{ji}}$. 正規直交基底での成分がエル

ミート行列になるものがエルミート作用素です.

　次は, ユニタリー作用素です.

ユニタリー作用素

　複素ユークリッド・ベクトル空間上の線形作用素 U で, $UU^* = U^*U = I$ をみたすものを, ユニタリー作用素という.

「ユニタリー」という言葉には,「内積を保つ」という意味があります.

ユニタリー作用素は内積を保つ

　複素ユークリッド・ベクトル空間上 $\mathcal{H}$ 上のユニタリー作用素 U は, 内積を保つ. つまり, $\alpha, \beta \in \mathcal{H}$ に対して

$$\langle U\alpha, U\beta \rangle = \langle \alpha, \beta \rangle$$

が成り立つ.

　このことは $\langle U\alpha, U\beta \rangle = \langle U^*U\alpha, \beta \rangle = \langle \alpha, \beta \rangle$ からわかります.

U の正規直交基底における成分を U_{ij} とすると, $U^*U = UU^* = I$ より

$$\sum_{k=1}^{n} \overline{U}_{ik} U_{jk} = \delta_{ij}$$

$$\sum_{k=1}^{n} \overline{U}_{ki} U_{kj} = \delta_{ij}$$

です. 正規直交基底での成分がユニタリー行列になるものが, ユニタリー作用素です.

　ユニタリー作用素は正規直交基底を別の正規直交基底に写します. なぜなら,

$$e'_i = Ue_i, \quad (i = 1, 2, \ldots, n)$$

とすると,

$$\langle e'_i, e'_j \rangle = \langle Ue_i, Ue_j \rangle = \langle e_i, e_j \rangle = \delta_{ij}$$

ですから.

　複素ユークリッド・ベクトル空間上の線形作用素 A の成分を, 正規直交基底 $e_1, \ldots, e_n$ で表すと,

$$A_{ij} = \langle e_i, Ae_j \rangle$$

でしたが, $e'_i = Ue_i, (i = 1, \ldots, n)$ で表した成分を A'_{ij} とすると,

$$A'_{ij} = \langle e'_i, Ae'_j \rangle = \langle Ue_i, AUe_j \rangle$$
$$= \langle Ue_i, U(U^*AU)e_j \rangle = \langle e_i, U^*AUe_j \rangle$$
$$= (U^*AU)_{ij} = \sum_{k,l=1}^{n} \overline{U}_{ki}A_{kl}U_{lj}$$

です.

成分の変換を行列で書くと,

$$\boldsymbol{A}' = \boldsymbol{U}^\dagger \boldsymbol{A} \boldsymbol{U}$$

です. 線形作用素としての等式ではなくて, 行列としての等式なので, 区別するために行列を太字で書きました. $\boldsymbol{U}^\dagger := {}^t\overline{\boldsymbol{U}}$ はエルミート共役行列です. 線形作用素 A は, 基底によらない概念ですが, その成分の行列 $\boldsymbol{A}$ は基底を変更したら $\boldsymbol{A}'$ に変換されます.

n 次元複素ユークリッド・ベクトル空間 $\mathcal{H}$ 上の線形作用素 A に対して, 方程式

$$A\alpha = a\alpha, \quad (a \in \mathbb{C}, \alpha \in \mathcal{H})$$

を考えます. 正規直交基底による成分を行列で書くと

$$(\boldsymbol{A} - a\boldsymbol{I})\boldsymbol{\alpha} = \boldsymbol{0}$$

と同じです. ゼロでない縦ベクトル $\boldsymbol{\alpha}$ がこの方程式をみたす必要十分条件は行列 $(\boldsymbol{A} - a\boldsymbol{I})$ が正則でないこと,

$$\det(\boldsymbol{A} - a\boldsymbol{I}) = 0$$

です. $\det \boldsymbol{A}$ は行列 $\boldsymbol{A}$ の行列式です. 複素数 a の n 次方程式なので, a は重複を含めて n 個の解をもちます. これらの解 $a \in \mathbb{C}$ を A の固有値といい, 解 a の重複度を固有値 a の重複度といいます. $\boldsymbol{A}$ ではなくて A の固有値なのは, 上の n 次方程式の解が基底の選び方によらないからです. A の固有値全体からなる集合を $\mathrm{Spec}(A)$ と書きます.

$a \in \mathrm{Spec}(A)$ に対して, $A\alpha = a\alpha$ をみたすゼロでないベクトル α を a に対応する固有ベクトル, またそれら全体からなる集合にゼロベクトルを加えたものを固有値 a に対応する固有空間といって, F_a と書きます. F_a は $\mathcal{H}$ の部分空間, つまりそれ自体ベクトル空間になっています. $\alpha, \beta \in F_a, c \in \mathbb{C}$ なら, $\alpha + c\beta \in F_a$ だからです.

F_a のベクトル α は方程式

$$(\boldsymbol{A} - a\boldsymbol{I})\boldsymbol{\alpha} = \boldsymbol{0}$$

をみたすもののことですから, F_a の次元はこの方程式の 1 次独立な解の個数で,
固有値 a の重複度以下になっています.

■ 1.3 エルミート作用素

エルミート作用素の固有値は実数です. a をエルミート作用素のゼロでない固
有値とし, ゼロでない固有ベクトル $\alpha \in F_a$ を 1 つ選びます. すると,

$$\langle \alpha, A\alpha \rangle = a \langle \alpha, \alpha \rangle$$

ですが, 両辺の複素共役をとると,

$$\langle A\alpha, \alpha \rangle = \bar{a} \langle \alpha, \alpha \rangle$$

となっています. A はエルミート作用素なので, これら 2 つの等式の左辺は等し
いです. 右辺も等しくなくてはならないので, $a = \bar{a}$ です.

A をエルミート作用素, $a, b \in \mathrm{Spec}(A)$, $a \neq b$ とします. すると, $F_a \perp F_b$ で
す. これは, $\alpha \in F_a$, $\beta \in F_b$ なら, $\langle \alpha, \beta \rangle = 0$ という意味です. このことは,

$$\langle A\alpha, \beta \rangle = a \langle \alpha, \beta \rangle,$$

$$\langle \alpha, A\beta \rangle = b \langle \alpha, \beta \rangle$$

のそれぞれの左辺は A のエルミート性から等しく, したがって右辺も等しくなけ
ればならないことから出てきます.

> **エルミート作用素の固有値, 固有空間**
> 複素ユークリッド・ベクトル空間上のエルミート作用素 A の固有値はすべて実数
> で, A の異なる固有値に対応する固有空間は互いに直交する.

再び A を n 次元複素ユークリッド・ベクトル空間 $\mathcal{H}$ 上のエルミート作用素と
します. 異なる固有値は r 個で, それらを $a_1, \ldots, a_r \in \mathrm{Spec}(A)$ とします. A の
正規直交基底での成分はエルミート行列ですが, エルミート行列がユニタリー行
列で対角化できるのは習っていると思います. 一応復習しておきましょう.

$$F = \{\alpha_1 + \alpha_2 + \cdots + \alpha_r | \alpha_i \in F_{a_i}\}$$

は $\mathcal{H}$ の部分空間です. F と直交するベクトルの集合

$$F^{\perp} = \{\beta \in \mathcal{H} | \text{ すべての } \alpha \in F \text{ に対して } \langle \alpha, \beta \rangle = 0\}$$

も $\mathcal{H}$ の部分空間です.

$\alpha \in F$ とすると,

$$\alpha = \alpha_1 + \cdots + \alpha_r, \quad (\alpha_i \in F_{a_i})$$

と書けます.

$$A\alpha = a_1\alpha_1 + \cdots + a_r\alpha_r$$

なので, $A\alpha \in F$ です. $\beta \in F^{\perp}$ とすると,

$$\langle \alpha, A\beta \rangle = \langle A\alpha, \beta \rangle = 0$$

より, $A\beta \in F^{\perp}$ だとわかります. つまり, A を複素ユークリッド・ベクトル空間 $F^{\perp}$ に制限すると, $F^{\perp}$ 上のエルミート作用素になります.

もし $F^{\perp} \neq \{0\}$ だとすると, A は $F^{\perp}$ 上の線形作用素として固有値をもつことになり, それに対応する固有空間は $F^{\perp}$ の部分空間になります. $F^{\perp}$ 上の線形作用素としての A が固有値 b をもつとし, 対応する固有空間を G としましょう. A を $\mathcal{H}$ の線形作用素としてみたときも, b, G はそれぞれ A の固有値, 固有空間になっています. A の固有空間は F にすべて含まれていることを思い出しましょう. すると, ゼロベクトル空間でない G が $F^{\perp}$ の部分空間でもあり, F の部分空間でもあることになって不合理です. つまり, $F^{\perp} = \{0\}$ という可能性しかありません. このことから $F = \mathcal{H}$ だとわかります.

固有値 a_i の重複度 n_i をすべて足すと n で, F_{a_i} の次元は n_i 以下ということから, $i = 1, 2, \ldots, r$ に対して F_{a_i} の次元は, n_i に等しくなければなりません. そこで, F_{a_i} の正規直交基底を,

$$f_{i1}, f_{i2}, \ldots, f_{in_i}$$

とします. すると,

$$\{e_1, \ldots, e_n\} = \{f_{11}, \ldots, f_{1n_1}, f_{21}, \ldots, f_{2n_2}, \ldots, f_{r1}, \ldots, f_{rn_r}\}$$

は, $\mathcal{H}$ の正規直交基底になっています. A の固有値を重複も含めてあらためて

$$a_1, a_2, \ldots, a_n$$

と書くことにすると, この基底のもとでの A の成分は,

$$A_{ij} = \langle e_i, Ae_j \rangle = a_j \delta_{ij}, \quad (i, j = 1, \ldots, n)$$

という形になっています. 適当な正規直交基底のもとで, A の成分のなす行列を
対角線行列にできるということです.

一般の正規直交基底では, これとユニタリー行列のぶんだけ違うことになり, 以
下のようになります.

> **エルミート作用素の対角化**
>
> A を n 次元複素ユークリッド・ベクトル空間上のエルミート作用素とすると, A の
> 正規直交基底での行列表示 A は, ユニタリー行列 U, 対角線行列 D を用いて
>
> $$A = U^\dagger D U$$
>
> と書ける. D の対角線成分は, 重複も含めた n 個の A の固有値.

■ 1.4 射影作用素

射影作用素という特別なエルミート作用素があります. 量子力学では, 射影作
用素に特別重要な役割があります.

> **(定義) 射影作用素**
>
> 複素ユークリッド・ベクトル空間上のエルミート作用素 P が $P^2 = P$ をみたすと
> き, 射影作用素であるという.

P^2 は PP のことです. $a \in \mathrm{Spec}(P)$, $\alpha \in F_a$, $\alpha \neq 0$ とすると,

$$0 = (P^2 - P)\alpha = P(P\alpha) - P\alpha = (a^2 - a)\alpha$$

より, a は 0 または 1 です. 適当な正規直交基底で書くと, P がゼロ作用素 O で
ないなら,

$$P_{ij} = 1, \quad (i = 1, \dots, r)$$

でそれ以外の成分はゼロです. r は P の階数です. 線形作用素の階数とは, 作用素
の像 (写像のアウトプットとなるベクトル全体のなす部分空間) の次元のことで
す. P の像は $V = F_1$ で, $e_1, \dots, e_r$ の線形結合で書けるベクトル全体のなす部分
空間です.

任意の $\psi \in \mathcal{H}$ は,

$$\psi = \alpha + \beta, \quad (\alpha \in V, \beta \in V^\perp)$$

と一意的に分解できますが, P の働きは,

$$P\psi = \alpha$$

です. つまり, ベクトル ψ の部分空間 V への「直交射影」です. P が $\mathcal{H}$ の部分空間 V への射影といったときは, P の像が V になっているという意味です (図 1.1).

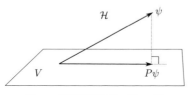

図 1.1　射影作用素 $P : \mathcal{H} \to V$.

　P が V への射影, Q が W への射影で, V と W が互いに直交するとき, P と Q は互いに直交するといいます. V と W が互いに直交するというのは, $\alpha \in V$, $\beta \in W$ ならば $\langle \alpha, \beta \rangle = 0$ という意味で, $V \perp W$ と表します.

　$V \perp W$ とすると, $Q\psi \in W \subset V^\perp$ ですから, $PQ\psi = \{0\}$ となります. ψ は任意なので $PQ = O$ です. 同様に $QP = O$ です.

　逆に, V への射影 P と W への射影 Q があって, $PQ = O$ だったとしましょう. ただし $V \perp W$ は仮定しないでおきます. $PQ\psi = 0$ より, $Q\psi \in V^\perp$ です. 任意の ψ に対して成り立つので, $W \subset V^\perp$ となっています. つまり $V \perp W$ です. このことから, $QP = O$ も自動的に成り立ちます.

　以上より, 2 つの射影作用素が直交することを次のようにいうことができます.

(定義) 互いに直交する射影作用素

　射影作用素 P, Q が $PQ = O$ をみたすとき, P と Q は互いに直交するといい, $P \perp Q$ と表す.

　A を n 次元ユークリッド・ベクトル空間 $\mathcal{H}$ 上のエルミート作用素, $\mathrm{Spec}(A) = \{a_1, \ldots, a_r\}$ とします. すると, $\psi \in \mathcal{H}$ は

$$\psi = \alpha_1 + \alpha_2 + \cdots + \alpha_r, \quad (\alpha_i \in F_{a_i})$$

と一意的に分解できるのでした. A を作用させると,

$$A\psi = a_1\alpha_1 + a_2\alpha_2 + \cdots + a_r\alpha_r$$

となります. P_i を F_{a_i} への射影とします. すると,

$$P_i \psi = \alpha_i, \quad (i = 1, \ldots, r)$$

なので,

$$(a_1 P_1 + a_2 P_2 + \cdots + a_r P_r)\psi = a_1 \alpha_1 + a_2 \alpha_2 + \cdots + a_r \alpha_r = A\psi$$

となります. ψ は任意だったので, 線形作用素として,

$$A = a_1 P_1 + a_2 P_2 + \cdots + a_r P_r$$

です. また,

$$P_i \perp P_j, \quad (i \neq j)$$

$$P_1 + \cdots + P_r = I$$

もわかります. このように, エルミート作用素は, 互いに直交し, 総和をとると I となる射影作用素たちの, 実の線形結合に分解できます. これをエルミート作用素 A のスペクトル分解といいます.

スペクトル分解

A を複素ユークリッド・ベクトル空間上のエルミート作用素とし, A の固有値全体のなす集合を $\mathrm{Spec}(A) = \{a_1, \ldots, a_r\}$, P_i を F_{a_i} への射影とするとき,

$$A = \sum_{i=1}^{r} a_i P_i,$$

$$P_i P_j = \delta_{ij} P_j, \quad (i, j = 1, \ldots, r)$$

$$I = \sum_{i=1}^{r} P_j$$

と書ける. この互いに直交する射影作用素の実線形結合への分解を A のスペクトル分解という.

構成からわかるように, この分解は一意的です.

エルミート作用素 A のスペクトル分解が, $\sum_{i=1}^{r} a_i P_i$ のとき,

$$A^2 = \left(\sum_{i=1}^{r} a_i P_i \right) \left(\sum_{j=1}^{r} a_j P_j \right) = \sum_{i,j=1}^{r} a_i a_j P_i P_j = \sum_{i,j=1}^{r} a_i a_j \delta_{ij} P_j = \sum_{i=1}^{r} (a_i)^2 P_i$$

となります. より一般に, $p(x)$ を多項式

$$p(x) = c_0 + c_1 x + c_2 x^2 + \cdots + c_m x^m$$

とするとき,

$$p(A) := c_0 I + c_1 A + c_2 A^2 + \cdots + c_m A^m$$
$$= \sum_{i=1}^{r} p(a_i) P_i$$

となっていることも確かめられます.

そこで, もっと一般に,

> **(定義) エルミート作用素の関数**
>
>   エルミート作用素 A のスペクトル分解が, $A = \sum_{i=1}^{r} a_i P_i$ であるとする. f を複素数値関数とするとき, 作用素 $f(A)$ を,
>
> $$f(A) = \sum_{i=1}^{r} f(a_i) P_i$$
>
> によって定義する. f が実数値関数のとき, $f(A)$ はエルミート作用素になっている.

とします.

  エルミート作用素 A のスペクトル分解にあらわれる射影作用素は, A の多項式です. $\mathrm{Spec}(A) = \{a_1, \ldots, a_r\}$ として, 多項式関数 p_i で

$$p_i(a_i) = 1,$$
$$p_i(a_j) = 0, \quad (j \neq i)$$

となるものが選べます. 例えば,

$$p_i(x) = \frac{(x - a_1)(x - a_2)\ldots(x - a_{i-1})(x - a_{i+1})\ldots(x - a_r)}{(a_i - a_1)(a_i - a_2)\ldots(a_i - a_{i-1})(a_i - a_{i+1})\ldots(a_i - a_r)}$$

という $(r - 1)$ 次多項式にすればよいです. すると,

$$p_i(A) = \sum_{j=1}^{r} p_i(a_j) P_j = P_i, \quad (i = 1, 2, \ldots, r)$$

です.

> **A の固有空間への射影は A の多項式**
>
>   エルミート作用素 A のスペクトル分解を $A = \sum_i a_i P_i$ とするとき, 各射影作用素 P_i は A の多項式で書ける.

  次に, 複素ユークリッド・ベクトル空間 $\mathcal{H}$ 上の 2 つの射影作用素 P, Q が可換,

$$[P, Q] := PQ - QP = O$$

だったとしましょう. P は部分空間 V への射影, Q は部分空間 W への射影だとします. $\alpha \in V$ とすると,

$$P\alpha = \alpha$$

です.

$$P(Q\alpha) = Q(P\alpha) = Q\alpha$$

より, $Q\alpha \in V$ がわかります. Q が V 上の線形作用素だとわかります. V にも $\mathcal{H}$ の内積がそのまま使えるので, V も複素ユークリッド・ベクトル空間で, Q が V 上の射影作用素になることもすぐに確かめられます. すると, Q は V 上の射影作用素としては, 部分空間 $V \cap W$ への射影になっているはずです. $f_1, \ldots, f_r$ を $V \cap W$ の正規直交基底, $f_1', \ldots, f_s'$ を $V \cap W^\perp$ の正規直交基底とします. 同様に, $\beta \in V^\perp$ とすると, $P\beta = 0$ ですが,

$$P(Q\beta) = Q(P\beta) = 0$$

より, $Q\beta \in V^\perp$ です. したがって, Q は $V^\perp$ 上の線形作用素で, $V^\perp$ 上では $V^\perp \cap W$ への射影です. $V^\perp \cap W$ の正規直交基底を $g_1, \ldots, g_t$, $V^\perp \cap W^\perp$ の正規直交基底を $g_1', \ldots, g_u'$ とします.

$$f_1, \ldots, f_r, f_1', \ldots, f_s', \quad g_1, \ldots, g_t, g_1', \ldots, g_u'$$

は $\mathcal{H}$ の正規直交基底になっていますが, この基底のもとで

$$Pf_i = f_i, \quad Qf_i = f_i, \quad (i = 1, \ldots, r)$$
$$Pf_j' = f_j', \quad Qf_j' = 0, \quad (j = 1, \ldots, s)$$
$$Pg_k = 0, \quad Qg_k = g_k, \quad (k = 1, \ldots, t)$$
$$Pg_l' = 0, \quad Qg_l' = 0, \quad (l = 1, \ldots, u)$$

のように, P, Q の成分はともに, 対角線成分が 0 か 1 の対角線行列をなしています.

上の P, Q と可換な 3 つめの射影作用素 R があったときも, 同じです. R がそれぞれ $V \cap W$, $V \cap W^\perp$, $V^\perp \cap W$, $V^\perp \cap W^\perp$ 上の射影作用素になることが確かめられ, 同様な議論によって, P, Q, R がすべて対角線行列となるような正規直交基底を構成できます. 同様な議論を続けることによって, 以下がいえます.

可換な射影作用素

$P_1, \ldots, P_r$ を複素ユークリッド・ベクトル空間上の互いに可換な射影作用素,

$$P_i^* = P_i, \qquad (i = 1, \ldots, r)$$

$$P_i P_j = \delta_{ij} P_j, \quad (i, j = 1, \ldots, r)$$

とする. 適当な正規直交基底のもとで, $P_1, \ldots, P_r$ は同時に対角線行列で表現できる.

これがいえると, 可換なエルミート作用素についても同じようなことがいえます. A, B をエルミート作用素として, これらは可換, $AB = BA$ だとします. このとき, A の関数 $f(A)$ と B の関数 $g(B)$ が可換なのかどうかは, すぐにはわからないです. でも, 自然数 k, l に対して, A^k と B^l が可換なのはすぐにわかります. より一般に, A の多項式 $p(A)$ と B の多項式 $q(B)$ が可換なのも明らかでしょう. このことに注意すると, 次が示せます.

可換なエルミート作用素

$A^{(1)}, \ldots, A^{(m)}$ を複素ユークリッド・ベクトル空間上の互いに可換なエルミート作用素とするとき, 適当な正規直交基底のもとで, $A^{(1)}, \ldots, A^{(m)}$ は同時に対角線行列で表現できる.

(証明)

$A^{(k)}$ のスペクトル分解を

$$A^{(k)} = \sum_{i=1}^{r^{(k)}} a_i^{(k)} P_i^{(k)}, \quad (k = 1, 2, \ldots, m)$$

とすると, $P_i^{(k)}$ は $A^{(k)}$ の多項式です. すると, $P_i^{(k)}$ と $P_j^{(k)}$ は可換ですし, $k \neq l$ に対して $A^{(k)}$ と $A^{(l)}$ が可換なので, $P_i^{(k)}$ と $P_j^{(l)}$ も可換です. 結局, $P_i^{(k)}$ たちはすべて互いに可換です. すると, 適当な正規直交基底をとると, $P_i^{(k)}$ たちは同時に対角線行列で表現できます. 同じ基底のもとで, $A^{(1)}, \ldots, A^{(m)}$ もすべて対角線行列で表現されています. (証明終)

このことから, A, B が可換なら, 任意の関数 f, g に対して, $f(A)$ と $g(B)$ も可換だとわかります.

2

オブザーバブルの測定

量子力学のルールの説明を続けていきます。量子系はその中身を直接みることができないものです。測定器は量子系と相互作用することによって、測定結果を観測者に知らせます。量子力学では、量子系の状態に応じた測定器の動作のルールがあたえられています。それに加えて、量子系の状態の時間発展のルールと測定にともなう状態の射影のルールがあります。ルールをすべてみていきましょう。

■ 2.1 オブザーバブル

ここでは、物理量の話をします。物理量とは、物理系のもつ属性を表現する数学の言葉のことです。古典的なハミルトン形式では、物理量は相空間上の関数のことでした。量子力学では、物理量をどう表現するのでしょうか。

量子力学では、系の測定が特別な意味をもちます。量子系を測定器にかけて測定値を取得する行為のことです。測定器は、系の状態の何らかの性質を数に変える装置だと考えます。測定によって人間がアクセスできる、量子系の性質のことをオブザーバブルといいます。日本語での意味は「観測可能なもの」です。

そういわれても、抽象的でまだよくわかりません。でも神秘的なことは何もないです。実際におこることは、測定器に量子系を突っ込んだら数に変換されるというだけのことです。ですから、測定器がオブザーバブルに対応している、またはオブザーバブルは測定器そのものだと考えるとよいです。

オブザーバブルは1つだけではなく、それに対応して測定にも色々な種類のものが考えられます。オブザーバブルを $O_A, O_B, \ldots$ などと表しましょう。1回の測定によって、測定器が a という数を指し示したことを、「$O_A = a$」などと表すことにします。測定値 a はいつでも実数だとします。

測定器は、系の性質を検知して、その結果を実数として表示する機械ですから、

測定値そのものには絶対的な意味がないことに気がつくはずです. 例えば, 測定器を少し改造すれば, 測定値 a を表示するかわりに, 測定値 $2a$ や測定値 a^2 を表示するものは簡単に作れそうです. もとの測定器に対応するオブザーバブルが O_A だったとすると, 測定値 a のかわりに $2a$ を表示するように改造した測定器に対応するオブザーバブルは, $2O_A$ と書きます. もし, a^2 を表示するものに改造したなら, O_A^2 と書きます.

そこで, 一般にオブザーバブル O_A があると, オブザーバブル O_A の関数を考えることができます. f を任意の実関数とするとき, O_A に対応する測定器の, 測定値の表示部分だけを改造して, a のかわりに $f(a)$ を表示する測定器を作ります. この測定器に対応するオブザーバブルを $f(O_A)$ と書きます.

別の言い方をすると, O_A の測定によって, 測定値 $O_A = a$ をえたとき, 同時に $f(O_A)$ の測定も行ったことになっていて, $f(O_A) = f(a)$ となっているということです.

量子力学では, オブザーバブルを数学の言葉で表現します.

> **ルール2：オブザーバブルの表現**
>
> 　オブザーバブルは, 状態空間である複素ユークリッド・ベクトル空間上のエルミート作用素に対応する. この対応を $O_A \dashrightarrow A$ と書くと,
>
> - $O_A \dashrightarrow A$ かつ $O_B \dashrightarrow A$ ならば O_A と O_B は同じオブザーバブル
> - $O_A \dashrightarrow A$ ならば $f(O_A) \dashrightarrow f(A)$
>
> が成り立つ.

つまり, 物理量はエルミート作用素ということになります. このことから, エルミート作用素そのもののことをオブザーバブルということが多いですが, ここでは一応区別しておきます.

オブザーバブルはエルミート作用素に対応するんですが, どうしても気になることが出てきます. オブザーバブルがあるエルミート作用素に対応するというのはよいのですが, 任意のエルミート作用素がオブザーバブルに対応するとはいっていません.

自然法則に何らかの対称性を課したとき, もしすべてのエルミート作用素が何らかのオブザーバブルに対応するとしたら, 対称性の条件に矛盾する場合があります. 自然法則に超選択則があるというのですが, それについては8章であらためてお話しすることにします.

■ 2.2 アンサンブル

　これから話すことになるルール3には，一般の状態と測定値の平均という言葉が含まれています．前提となっているのは，量子力学では量子系の測定は，多数回の測定による測定値の平均をとることによって行われることです．そこで，はじめに一般の状態とはどんなものなのか，ということをみていきましょう．

　量子系の測定をしようと思ったとき，系を1回だけ測定器にかけてもほとんど意味がないです．同じ測定を多数回する必要があります．また，系を1度測定器にかけると，測定前の状態は失われてしまい，別のものに変わってしまいます．これらのことは，量子力学の測定には，系の多数のコピーが必要だということを意味しています．そのような多数のコピーの集まりのことをアンサンブルといいます．量子力学的な系とはアンサンブルのことです．状態というのはアンサンブルに対してあたえられているもので，その中の1つのサンプルに対するものではないです．このことを意外に思ったのではないでしょうか．

　系のコピーが物理的には1つしかなくても，ある特定の状態にリセットする方法があれば，測定を1回するごとにリセットして，何回も同じ測定ができます．実質上はアンサンブルがあるのと同じことです．ですので，状態のリセットの方法があれば，その方法で準備された系の1つのコピーに状態をあたえることはできます．

　アンサンブルにも色々あります．全く同一のコピーからなるアンサンブルを純粋アンサンブルといいます．ルール1で完全な記述をもつ状態というのがありましたが，それは純粋アンサンブルの状態のことです．純粋アンサンブルの状態のことを，純粋状態といいます．純粋状態は複素ユークリッド・ベクトル空間のベクトルに対応します．

　量子力学の教科書で主に扱われる波動関数も，純粋状態を表しています．ですので，多くの人が思い浮かべる状態は，純粋状態のことだと思います．でもこれが状態のすべてではないです．純粋ではないアンサンブルもあります．ある純粋アンサンブルと，それとは異なる状態にある純粋アンサンブルを混ぜ合わせて，別のアンサンブルを作ります (図2.1)．この新しいアンサンブルは純粋アンサンブルではないです．一般に，いくつかの純粋アンサンブルを混ぜ合わせてできたアンサンブルのことを，混合アンサンブルといいます．混ぜ合わせるというのは，サン

プルをシャッフルして，どれがどの純粋アンサンブルにもともと属していたのか
を忘れる操作のことです．

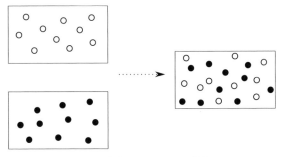

図 2.1　純粋アンサンブルの混合．

　一般の状態は，混合アンサンブルに対してあたえられるもので，混合状態といい
ます．混合状態はベクトルではなくて，密度作用素という線形作用素で表されま
す．純粋状態は，混合状態の特殊な場合とみなせます．

■　2.3　ボルン則

　3 番目のルールをあたえます．一般の状態と，その状態での測定値の平均を計算
する方法をあたえています．

> **ルール 3：測定値の平均**
> 　一般の状態には，トレースが 1 の正作用素 W が対応する．A をオブザーバブル O_A
> に対応するエルミート作用素とするとき，$m(O_A) := \mathrm{Tr}(WA)$ は，状態 W における
> O_A の多数回測定の平均値をあたえる．

　O_A の平均値を $\mathrm{Tr}(WA)$ によってあたえるルールのことを，ボルン則といいま
す．用語の説明をしていきましょう．正作用素 W，普通は密度行列とよんでいる
ものです．今の段階で行列ではないですが，正規直交基底のもとでの W の成分の
なす行列が密度行列です．もともと基底によらない概念なので，密度作用素，また
は統計作用素といいます．

(定義) 正作用素

　複素ユークリッド・ベクトル空間 $\mathcal{H}$ 上の線形作用素 A が, すべての $\alpha \in \mathcal{H}$ に対して

$$\langle \alpha, A\alpha \rangle \geq 0$$

をみたすとき, A は $\mathcal{H}$ 上の正作用素であるといい, $A \geq 0$ と書く.

$\langle \alpha, A\alpha \rangle \geq 0$ は $\langle \alpha, A\alpha \rangle$ が非負の実数だという意味です. 密度作用素 W は正作用素なのですが, 正作用素はエルミート作用素のうちに入ります.

正作用素はエルミート作用素

　正作用素は固有値がすべて非負のエルミート作用素である.

(証明)

　A を n 次元複素ユークリッド・ベクトル空間 $\mathcal{H}$ 上の正作用素とする. $\alpha \in \mathcal{H}$ に対して, $\langle \alpha, A\alpha \rangle$ は実数なので,

$$\langle \alpha, A^*\alpha \rangle = \langle A\alpha, \alpha \rangle = \langle \alpha, A\alpha \rangle$$

です. これから, $B = i(A - A^*)$ とすると,

$$\langle \alpha, B\alpha \rangle = 0$$

がすべての $\alpha \in \mathcal{H}$ に対して成り立ちます. ところが, B はエルミート作用素なので, $\mathcal{H}$ の正規直交基底 $e_1, \ldots, e_n$ で, e_i がすべて B の固有ベクトルとなるようなものがあります. すると, 上の式からすべての固有値がゼロ, すなわち $B = O$ となります. このことから, $A = A^*$, A はエルミート作用素です.

　また, $A\alpha = a\alpha$, $\alpha \neq 0$ とすると, $\langle \alpha, A\alpha \rangle = a\|\alpha\|^2 \geq 0$ より $a \geq 0$ です.

　　　　　　　　　　　　　　　　　　　　　　　　　　　　　　　(証明終)

　次に, 線形作用素のトレースについて.

(定義) 線形作用素のトレース

　n 次元ユークリッド・ベクトル空間上の線形作用素 A の正規直交基底における成分を $A_{ij} = \langle e_i, Ae_j \rangle$ とするとき, A のトレースを

$$\mathrm{Tr}\,(A) = \sum_{i=1}^{n} A_{ii}$$

と定義する.

トレースの定義はもちろん正規直交基底の選び方にはよりません.

密度作用素 W の重複も含めた固有値を $w_1, \ldots, w_n$ とします. これらはすべて非負で, 足すと 1 になります. W の正規直交基底に関する成分 W_{ij} のなす行列を $\boldsymbol{W}$ と書くと, ユニタリー行列 $\boldsymbol{U}$ を用いて,

$$\boldsymbol{W} = \boldsymbol{U}^{\dagger} \operatorname{diag}(w_1, \ldots, w_n) \boldsymbol{U},$$

$$w_1, \ldots, w_n \geq 0,$$

$$w_1 + \cdots + w_n = 1$$

となります. $\boldsymbol{W}$ を密度行列といいます.

密度作用素 W は状態を表すので, W に対応する状態のことを, 単に「状態 W」ということにします. 状態 W にある系でオブザーバブル O_A の多数回測定をします. 1 回ごとの測定値はばらばらでもよいですが, これらの値としてどんなものが考えられるでしょうか. 実は, これらはすべて A の固有値でなければならないといえます. それをみてみましょう.

A の固有値の集合を $\operatorname{Spec}(A) = \{a_1, \ldots, a_r\}$ とし, A のスペクトル分解を,

$$A = \sum_{i=1}^{r} a_i P_i$$

とします. 今, $i = 1, 2, \ldots, r$ に対して関数 δ_i を

$$\delta_i(x) = \begin{cases} 1, & (x = a_i) \\ 0, & (x \neq a_i) \end{cases}$$

と定義すると, $P_i = \delta_i(A)$ です. すると, $O_{P_i} = \delta_i(O_A)$ はルール 2 よりオブザーバブルです.

$O_{P_1}, \ldots, O_{P_r}$ を測定しなくても, O_A の測定値からこれらの測定値は決まります. 具体的には, O_A の 1 回の測定に着目したとき, もし $O_A = a_i$ だったとしたら, $O_{P_i} = 1$, もし $O_A \neq a_i$ なら $O_{P_i} = 0$ です. このこと自体は, ほぼオブザーバブルの関数 $f(O_A)$ の定義です.

一般にオブザーバブル O_A の測定値が a である確率を $P(O_A = a)$ と書くと, $P(O_A = a_i)$ と $P(O_{P_i} = 1)$ は等しく,

$$P(O_A = a_i) = P(O_{P_i} = 1) = m(O_{P_i}) = \operatorname{Tr}(W P_i)$$

となります.

また, $i \neq j$ に対して $O_A = a_i$ と $O_A = a_j$ は排反事象なので, O_A の測定値が

$a_1, \ldots, a_r$ のどれかだという確率を $P(O_A \in \mathrm{Spec}(A))$ と書くと,

$$P(O_A \in \mathrm{Spec}(A)) = P(O_A = a_1) + \cdots + P(O_A = a_r)$$

となります. 右辺を計算すると, $P_1 + \cdots + P_r = I$ より,

$$P(O_A \in \mathrm{Spec}(A)) = \sum_{i=1}^{r} \mathrm{Tr}\,(WP_i) = \mathrm{Tr}\,(W) = 1$$

です. これで確率 1 になってしまったので, $O_A \notin \mathrm{Spec}(A)$ となる可能性は排除されました.

> **オブザーバブル O_A の測定値は A の固有値**
>
> オブザーバブル O_A の測定値が A の固有値のどれかである確率は,
> $$P(O_A \in \mathrm{Spec}(A)) = 1.$$

オブザーバブルの測定値が対応するエルミート作用素の固有値のどれかだということが導けました. また, 次のことも同時にわかりました.

> **オブザーバブルが特定の値になる確率**
>
> 系の状態が W にあるとき, オブザーバブル O_A の測定値が A の固有値 a_i になる確率は,
> $$P(O_A = a_i) = \mathrm{Tr}\,(WP_i)$$
> であたえられる. ただし, P_i は固有値 a_i に対応する固有空間への射影.

■ 2.4 純粋状態と混合状態

ルール 3 で, 一般の状態がトレース 1 の正作用素で表現されることが決められました. ここでは, 一般の状態全体のなす空間, 密度作用素の空間を見渡してみましょう.

> **(定義) 密度作用素の空間**
>
> n 次元複素ユークリッド・ベクトル空間 $\mathcal{H}$ 上の密度作用素の空間を
> $$\mathrm{Dens} = \{W \in \mathrm{Herm} \,|\, W \geq 0, \mathrm{Tr}\,(W) = 1\}$$
> と書く.

ここで, $\mathcal{H}$ 上のエルミート作用素全体のなす集合を Herm と書きました. Dens はまず, ベクトル空間ではないです. $W \in$ Dens としても, $a \neq 1$ なら $aW \notin$ Dens ですし, $W_1, W_2 \in$ Dens としても, $W_1 + W_2 \notin$ Dens なので, Dens にはスカラー倍も和も定義されていないです.

Dens に次のような演算はあります. $W_1, W_2 \in$ Dens, $p \in [0, 1]$ とします. このとき,

$$pW_1 + (1 - p)W_2 \in \text{Dens}$$

です. というのは, $\alpha \in \mathcal{H}$ に対して,

$$\langle \alpha, [pW_1 + (1 - p)W_2] \alpha \rangle = p \langle \alpha, W_1 \alpha \rangle + (1 - p) \langle \alpha, W_2 \alpha \rangle \geq 0$$

ですし,

$$\text{Tr}\,(pW_1 + (1 - p)W_2) = p\,\text{Tr}\,(W_1) + (1 - p)\,\text{Tr}\,(W_2) = 1$$

だからです. この形の線形結合を W_1 と W_2 の凸結合といいます.

Herm は n^2 次元の実ベクトル空間になっていることに注意しましょう. エルミート作用素を実数倍してもエルミート作用素ですし, 2 つのエルミート作用素を足してもエルミート作用素だからです. W_1 と W_2 は Herm の 2 つのベクトルですが, その凸結合は, W_1 と W_2 を結ぶ線分を $1 - p : p$ に分ける内分点です (図 2.2). p を $[0, 1]$ で色々と変えていくことにより, W_1 と W_2 を結ぶ線分上の点はすべて Dens の点だとわかるでしょう.

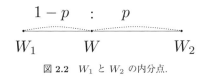

$$1 - p \quad : \quad p$$

$$W_1 \qquad W \qquad W_2$$

図 2.2　W_1 と W_2 の内分点.

(定義) 凸空間

　実ベクトル空間の部分集合 S が凸空間であるとは, すべての $x, y \in S$, $p \in [0, 1]$ に対して $px + (1 - p)y \in S$ となっているときをいう.

この用語を使えば, Dens は Herm 内の凸空間ということになります.

系の状態が $W = pW_1 + (1 - p)W_2$ のとき, オブザーバブル O_A の多数回測定をしてみたらどうなるでしょうか. このときの O_A の平均値を $m(O_A; W)$ と書

くと,

$$m(O_A; W) = \mathrm{Tr}\,(WA) = p\,\mathrm{Tr}\,(W_1 A) + (1-p)\,\mathrm{Tr}\,(W_2 A)$$
$$= p\,m(O_A; W_1) + (1-p)\,m(O_A; W_2)$$

となります. $m(O_A; W_i)$ は状態 W_i のときの平均値です. この式の右辺は, 多数回の測定のうち, p の割合で状態 W_1 のサンプルを, $(1-p)$ の割合で状態 W_2 のサンプルを測定した場合の O_A の平均値になっています. このことから, 状態 W は状態 W_1 のアンサンブルと状態 W_2 のアンサンブルを $p : 1-p$ で混合したアンサンブルの状態を表していることがわかります.

3 種類以上のアンサンブルを混合した状態も, 考えられます. まずは, 3 種類のアンサンブルの混合状態を作ってみましょう. $pW_1 + (1-p)W_2 \in \mathrm{Dens}$ と $W_3 \in \mathrm{Dens}$ を結ぶ線分を $1-q : q$ に分ける点は

$$p_1 W_1 + p_2 W_2 + p_3 W_3, \quad (p_1 = pq,\ p_2 = (1-p)q,\ p_3 = 1-q)$$

で,

$$p_1, p_2, p_3 \geq 0,$$
$$p_1 + p_2 + p_3 = 1$$

をみたしています. p, q を色々変えると, この点は W_1, W_2, W_3 を頂点とする Herm 内の 3 角形で囲まれた領域の内部か境界上を動きます (図 2.3).

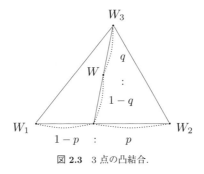

図 2.3 3 点の凸結合.

より一般には, 次のようになります.

Dens の性質

自然数 m に対して, $p_1, \ldots, p_m$ を

$$p_i \geq 0, \quad (i = 1, \ldots, m)$$

$$\sum_{i=1}^{m} p_i = 1,$$

をみたす実数の組とするとき, $W_1, \ldots, W_m \in \mathrm{Dens}$ ならば

$$p_1 W_1 + \cdots + p_m W_m \in \mathrm{Dens}$$

となっている.

上のような線形結合

$$W = p_1 W_1 + p_2 W_2 + \cdots + p_m W_m$$

も凸結合といいます. 系が凸結合で表された状態にあるとき, オブザーバブル O_A の測定をしたとします. O_A の平均値を $m(O_A; W)$ と書くと,

$$m(O_A; W) = \mathrm{Tr}\,(WA) = p_1 \mathrm{Tr}\,(W_1 A) + p_2 \mathrm{Tr}\,(W_2 A) + \cdots + p_m \mathrm{Tr}\,(W_m A)$$

$$= p_1 m(O_A; W_1) + p_2 m(O_A; W_2) + \cdots + p_m m(O_A; W_m)$$

となります. 状態 $W_1, W_2, \ldots, W_m$ を $p_1 : p_2 : \cdots : p_m$ で混合した状態です. これは $W_1, W_2, \ldots, W_m$ が表している状態にある m 個のアンサンブルから, $p_1 : p_2 : \cdots : p_m$ の割合でサンプルをもってきて, それをシャッフルして作ったアンサンブルです.

こうして作ったアンサンブルが混合アンサンブル, その状態が混合状態だということはなんとなくわかったと思います. 純粋状態と混合状態, きちんと定義しておきましょう.

(定義) 純粋状態と混合状態

複素ユークリッド・ベクトル空間上の密度作用素全体のなす集合を Dens とする. $W \in \mathrm{Dens}$ が混合状態であるとは, $W_1, W_2 \in \mathrm{Dens}, W_1 \neq W_2$ と $p \in (0, 1)$ があって,

$$W = p W_1 + (1 - p) W_2$$

と分解できること. 混合状態でない密度作用素を純粋状態であるという.

純粋状態はこのように, 異なる 2 つの状態の混合として表すことが不可能な状

態のことです。実はこれがルール 1 に出てくる完全に記述された状態のことで、$\mathcal{H}$ の射線に対応しています。

> **純粋状態は射線に対応**
>
> 複素ユークリッド・ベクトル空間 $\mathcal{H}$ 上の純粋状態は、$\mathcal{H}$ の射線 $\mathbb{C}\psi$ に 1 対 1 対応する。

(証明)

$W \in \mathrm{Dens}$ は適当な正規直交基底 $e_1, \ldots, e_n$ のもとで、成分が

$$\boldsymbol{W} = \mathrm{diag}\,(w_1, w_2, \ldots, w_n),$$

$$w_1 \geq w_2 \geq \cdots \geq w_n \geq 0,$$

$$w_1 + w_2 + \cdots + w_n = 1$$

となるようにできます。もし、$w_1 \neq 1$ なら、

$$\boldsymbol{W}_1 = \mathrm{diag}\,(1, 0, 0, \ldots, 0),$$

$$\boldsymbol{W}_2 = \frac{1}{1 - w_1}\,\mathrm{diag}\,(0, w_2, w_3, \ldots, w_n)$$

とすると、これらは、密度行列となっていて

$$\boldsymbol{W} = w_1 \boldsymbol{W}_1 + (1 - w_1)\boldsymbol{W}_2$$

という分解をあたえるので、W は混合状態だということになります。これから W が純粋状態なのは、$w_1 = 1$ の場合にしかおこりません。

逆に $w_1 = 1$ なら W が純粋状態になることをみてみましょう。このとき W は 1 次元部分空間 $\mathbb{C}e_1$ への射影になります。W が

$$W = pW_1 + (1 - p)W_2, \quad (p \in (0, 1))$$

と凸結合で表されたとすると、$W_1 = W_2$ となることをみればよいです。

$$W = W^2 = pWW_1 + (1 - p)WW_2$$

のトレースをとると、

$$1 = \mathrm{Tr}\,(W) = p\,\mathrm{Tr}\,(WW_1) + (1 - p)\,\mathrm{Tr}\,(WW_2)$$

ですが、$\mathrm{Tr}\,(WW_k),\ (k = 1, 2)$ は、状態 W_k における、射影作用素 W に対応するオブザーバブル O_W の多数回測定の平均値 $m(O_W; W_k)$ なので、

$$0 \leq \mathrm{Tr}\,(WW_1) \leq 1$$

です. すると, 上の等式が成り立つためには

$$\mathrm{Tr}\,(WW_1) = \mathrm{Tr}\,(WW_2) = 1$$

が必要です. これが $W_1 = W_2 = W$ を意味することをみます.

W_1 はある正規直交基底 $f_1, \ldots, f_n$ のもとでは対角線行列になるので,

$$(W_1)_{ij} = \sum_{k=1}^{n} u_k (f_k)_i \overline{(f_k)_j},$$

$$u_k \geq 0, \quad (k = 1, 2, \ldots, n)$$

$$\sum_{k=1}^{n} u_k = 1$$

と書けます. すると,

$$\mathrm{Tr}\,(WW_1) = \sum_{k=1}^{n} u_k |\langle e_1, f_k \rangle|^2 = 1$$

です. $|\langle e_1, f_k \rangle|^2 \leq 1$ なので, これが可能なのは, どれか1つの u_k が1で, その k に対して $f_k = e^{i\theta} e_1$ の場合のみです. このとき,

$$(W_1)_{ij} = (f_k)_i \overline{(f_k)_j} = (e_1)_i \overline{(e_1)_j} = W_{ij}$$

です. 同様に $W_2 = W$ なので, $W_1 = W_2 = W$ です. (証明終)

　アンサンブルの混合をするときに, 異なるサンプルのシャッフルをするので, 個々のサンプルについて, もともとどのアンサンブルに属していたのか, という情報が失われることになります. 純粋アンサンブルではシャッフルによるそのような情報の喪失はありません. 純粋状態は上でみたように1次元部分空間への射影なので, $\mathcal{H}$ の射線と等価です. このことから, 純粋状態をその射線に属するゼロでないベクトルで表すことになりますが, それを状態ベクトルとよびます.

　純粋状態は状態ベクトルで表されますが, 状態ベクトルがいつも純粋状態を表すとは限らなくて, 超選択則があるときには混合状態になるときもあります. ただしこれは細かい注意なので, あまり気にする必要はありません. その仕組みについては8章で説明します.

　純粋状態はベクトル状態だとわかりました. それがベクトル $\psi \in \mathcal{H}$ の状態のとき, 対応する密度作用素は次のようになります.

純粋状態の密度作用素

$\psi \in \mathcal{H}$ で表される純粋状態の密度作用素を W_ψ と書く. 正規直交基底に関する W_ψ の成分は

$$(W_\psi)_{ij} = \frac{\psi_i \overline{\psi_j}}{\|\psi\|^2}$$

となる. ψ の成分を縦ベクトルにしたものを $\boldsymbol{\psi}$, それの転置の複素共役を $\boldsymbol{\psi}^\dagger$ と書けば, 行列の記号で

$$W_\psi = \frac{\boldsymbol{\psi}\boldsymbol{\psi}^\dagger}{\|\psi\|^2}$$

と書ける.

$\mathcal{H}$ のベクトル ψ に対して

$$\psi^* := \langle \psi, \ \ \rangle$$

とします. この意味は $\psi^* : \mathcal{H} \to \mathbb{C}$ で, $\alpha \in \mathcal{H}$ に対して $\psi^*(\alpha) = \langle \psi, \alpha \rangle$ だということです. この記法を用いて, 純粋状態の密度作用素は基底を用いずに

$$W_\psi = \frac{\psi\psi^*}{\|\psi\|^2}$$

と書けます. これの意味は,

$$W_\psi \alpha = \frac{\langle \psi, \alpha \rangle}{\|\psi\|^2} \psi$$

です.

純粋状態 W_ψ に対するボルン則を書いておきましょう.

純粋状態のボルン則

系が純粋状態 W_ψ にあるとき, オブザーバブル O_A の多数回測定の平均値は,

$$m(O_A) = \frac{\langle \psi, A\psi \rangle}{\|\psi\|^2}$$

であたえられる.

ψ として単位ベクトルを選べば,

$$m(O_A) = \langle \psi, A\psi \rangle$$

です.

■ 2.5 ユニタリー時間発展

量子力学でも, ニュートン力学のように, 量子系の時間発展を決める運動方程式
があります. 純粋状態に対する運動方程式はシュレーディンガー方程式としてよ
く知られているものです.

ルール 4 : シュレーディンガー方程式

複素ユークリッド・ベクトル空間 $\mathcal{H}$ 上の純粋状態の時間発展 $\psi(t)$ は, $\mathcal{H}$ 上のエ
ルミート作用素 H によって決められていて,

$$i\hbar \frac{d}{dt}\psi(t) = H\psi(t)$$

にしたがう.

シュレーディンガー方程式に出てくる $\hbar$ は作用の次元をもつ自然定数で,

$$\hbar \approx 1.05 \times 10^{-34}\,\mathrm{J \cdot s}$$

です. $h = 2\pi\hbar$ はプランク定数といって, 厳密に

$$h = 6.62607015 \times 10^{-34}\,\mathrm{J \cdot s}$$

です. 時間の単位 s と長さの単位 m はある方法で定義されていて, プランク定数
が厳密に上の値になるように質量の単位 kg が決められています. 今まで 1 kg は
別の方法で定義されていましたが, 2019 年頃からこれが 1 kg の定義になってい
ます.

$\psi(t)$ は時刻 t における純粋アンサンブルの状態を表しています. H はエネル
ギーの次元をもつエルミート作用素で, ハミルトニアンとよばれます. ハミルト
ニアンは量子系を特徴付けるものです. H が時間に依存する場合も考えることが
できますが, ここでは何らかのエルミート作用素を固定して考えます.

エルミート作用素の指数関数

エルミート作用素 A の指数関数 $U = e^{iA}$ はユニタリー作用素になる.

(証明)

A をエルミート作用素とします. A のスペクトル分解を

$$A = \sum_{i=1}^{r} a_i P_i$$

とすると,

$$U := e^{iA} = \sum_{i=1}^{r} e^{ia_i} P_i$$

となります. 共役をとる操作は共役線形なので,

$$U^* = \sum_{i=1}^{r} (e^{ia_i} P_i)^* = \sum_{i=1}^{r} e^{-ia_i} P_i$$

となります. すると,

$$U^*U = \left(\sum_{i=1}^{r} e^{-ia_i} P_i \right) \left(\sum_{j=1}^{r} e^{ia_j} P_j \right)$$

$$= \sum_{i,j=1}^{r} e^{i(a_j-a_i)} P_i P_j = \sum_{i,j=1}^{r} e^{i(a_j-a_i)} \delta_{ij} P_j = \sum_{i=1}^{r} P_i = I$$

となり, U はユニタリー作用素だとわかります. (証明終)

これから, H をハミルトニアンとして,

$$U(t) := \exp\left(-\frac{i}{\hbar} H t \right)$$

とすると, $U(t)$ は $t \in \mathbb{R}$ をパラメータとするユニタリー作用素です. このユニタリー作用素には, 状態の時間を t だけ進める意味があります. 今, 時刻 0 における純粋アンサンブルの状態が $\psi_0 \in \mathcal{H}$ だったとして, $t \in \mathbb{R}$ をパラメータとする状態を

$$\psi(t) := U(t) \psi_0$$

とします. H のスペクトル分解を

$$H = \sum_{j=1}^{r} E_j P_j$$

とすると,

$$U(t) = \sum_{j=1}^{r} e^{-iE_j t/\hbar} P_j$$

なので,

$$\frac{d}{dt} U(t) = \sum_{j=1}^{r} \left(-i\frac{E_j}{\hbar} \right) e^{-iE_j t/\hbar} P_j$$

です. これから, $\psi(t)$ に対するシュレーディンガー方程式の左辺は

$$i\hbar\frac{d}{dt}\psi(t) = \sum_{j=1}^{r} E_j e^{-iE_j t/\hbar} P_j \psi_0$$

となります. 右辺のほうは, $P_j\psi_0$ が $E_j \in \mathrm{Spec}(H)$ に対応する固有空間 F_{E_j} に属していることに注意すると,

$$H\psi(t) = H \sum_{j=1}^{r} e^{-iE_j t/\hbar} P_j \psi_0 = \sum_{j=1}^{r} E_j e^{-iE_j t/\hbar} P_j \psi_0$$

となります. これから, $\psi(t) = U(t)\psi_0$ はシュレーディンガー方程式の解になっていることがわかります.

純粋状態のユニタリー時間発展

ハミルトニアンが H であたえられる系で, 時刻 0 で純粋状態 $\psi_0 \in \mathcal{H}$ にあったアンサンブルの時刻 t における状態は,

$$\psi(t) = e^{-iHt/\hbar}\psi_0$$

であたえられる.

$e^{-iHt/\hbar}$ という書き方は, エルミート作用素 H の関数 $f(H)$ で, $f(x) = e^{-ixt/\hbar}$ としたもののことです.

密度作用素の言葉で言い換えておきましょう. 純粋状態 $\psi(t)$ に対応する密度行列は, 正規直交基底のもとで

$$\boldsymbol{W}_{\psi(t)} = \frac{\boldsymbol{\psi}(t)\boldsymbol{\psi}(t)^{\dagger}}{\|\psi(t)\|^2} = \boldsymbol{U}(t)\frac{\boldsymbol{\psi}_0\boldsymbol{\psi}_0^{\dagger}}{\|\psi(t)\|^2}\boldsymbol{U}(t)^{\dagger}$$

となるので, 密度作用素としては

$$W_{\psi(t)} = U(t)W_{\psi_0}U(t)^{*}$$

です. ただし,

$$U(t)^{*} = \left(e^{-iHt/\hbar}\right)^{-1} = e^{iHt/\hbar}$$

です. これは, $f(H)^{*} = (\overline{f})(H)$ に注意すればよいです.

一般の状態を考えましょう. 一般の状態は, 純粋アンサンブル $\psi^{(1)}, \psi^{(2)}, \dots, \psi^{(m)}$ を $p_1 : p_2 : \dots : p_m$, $(p_1 + p_2 + \dots + p_m = 1)$ で混合したものです. 時刻 0 でアンサンブルの状態が

$$W_0 = p_1 W_{\psi_0^{(1)}} + p_2 W_{\psi_0^{(2)}} + \dots + p_m W_{\psi_0^{(m)}}$$

だったとしましょう. これを構成している各純粋アンサンブルは,

$$W_{\psi^{(i)}(t)} = U(t)W_{\psi_0^{(i)}}U(t)^*$$

にしたがって時間発展するはずです. すると, 時刻 t における混合アンサンブルの状態は

$$W(t) = p_1 U(t)W_{\psi_0^{(1)}}U(t)^* + p_2 U(t)W_{\psi_0^{(2)}}U(t)^* + \cdots + p_m U(t)W_{\psi_0^{(m)}}U(t)^*$$
$$= U(t)\left(p_1 W_{\psi_0^{(1)}} + p_2 W_{\psi_0^{(2)}} + \cdots + p_m W_{\psi_0^{(m)}}\right)U(t)^*$$
$$= U(t)W_0 U(t)^*$$

となっているはずです. $W_0 \in \mathrm{Dens}$ なら, $W(t) \in \mathrm{Dens}$ となっているのは,

$$\langle \alpha, W(t)\alpha \rangle = \langle \alpha, U(t)W_0 U^*\alpha \rangle = \langle U(t)^*\alpha, W_0 U^*\alpha \rangle \geq 0,$$

$$\mathrm{Tr}\,(W(t)) = \mathrm{Tr}\,(U(t)W_0 U(t)^*) = \mathrm{Tr}\,(U(t)^*U(t)W_0) = \mathrm{Tr}\,(W_0) = 1$$

から確かめられます.

一般の状態のユニタリー時間発展

ハミルトニアンが H であたえられる系で, 時刻 0 で状態 $W_0 \in \mathrm{Dens}$ にあったアンサブルの時刻 t における状態は,

$$W(t) = e^{-iHt/\hbar}W_0 e^{iHt/\hbar}$$

であたえられる.

状態の時間発展 $W(t)$ のしたがう運動方程式もこれから求められます. 任意の $\psi_0 \in \mathcal{H}$ に対して, $U(t)\psi_0$ はシュレーディンガー方程式

$$i\hbar \frac{d}{dt}U(t)\psi_0 = HU(t)\psi_0$$

をみたすので, 作用素として

$$\frac{d}{dt}U(t) = -\frac{i}{\hbar}HU(t)$$

です.

t に依存する作用素 $A(t)$ に対して, $A(t)$ が t で微分可能なら,

$$\frac{d}{dt}\langle \alpha, A(t)\beta \rangle = \left\langle \alpha, \frac{d}{dt}A(t)\beta \right\rangle,$$

$$\frac{d}{dt}\langle \alpha, A(t)\beta \rangle = \frac{d}{dt}\langle A(t)^*\alpha, \beta \rangle = \left\langle \frac{d}{dt}A(t)^*\alpha, \beta \right\rangle$$

より,

$$\frac{d}{dt}A(t)^* = \left(\frac{d}{dt}A(t)\right)^*$$

です. つまり, 微分と共役操作は可換です. これから,

$$\frac{d}{dt}U(t)^* = \frac{i}{\hbar}U(t)^*H$$

です.

これらを用いると,

$$\frac{d}{dt}W(t) = \left(\frac{d}{dt}U(t)\right)W_0U(t)^* + U(t)W_0\left(\frac{d}{dt}U(t)^*\right)$$

$$= -\frac{i}{\hbar}(HW(t) - W(t)H)$$

となります.

密度作用素に対するフォン・ノイマン方程式

ハミルトニアンが H であたえられる系で, アンサンブルの状態 $W(t)$ は,

$$i\hbar\frac{d}{dt}W(t) = [H, W(t)]$$

にしたがう.

ただし, $[A, B] := AB - BA$ は作用素の交換子です.

上の密度作用素のしたがう運動方程式は, 密度作用素に対するシュレーディンガー方程式だといえます. フォン・ノイマン方程式とよばれています.

■ 2.6 状態の収縮

次のルールで最後です. 測定後の「状態」に関するものです.

ルール 5：射影公理

ベクトル ψ で表される状態にある系の, オブザーバブル O_A 測定結果が, A の固有値 a_i であったとき, P_i を a_i に対応する固有空間への射影とすると, 系の測定直後の状態は $P_i\psi$ であたえられる.

このルールであたえられる測定が存在するという意味です. このような測定を特に射影測定といいます. 応用では, 射影測定でない測定も考えることがあります.

純粋アンサンブルからサンプルを 1 つとり出して O_A を測定したとき, サンプルの状態は不連続に変化します. その変化に対するルールです. 以前に, サンプル

1つに状態をあたえることには意味がない, ということをいいました. そのことと矛盾しているかのように聞こえますがそうではありません.

このルールがいっている意味は, ψ で表される状態にある純粋アンサンブルで O_A の測定をして, 測定値がある特定の $a_i \in \mathrm{Spec}(A)$ だったものだけを集めてアンサンブルを作ったとしたら, それは $P_i\psi$ の状態にある純粋アンサンブルになりますよ, ということです.

「測定直後の状態」といっているのは, 測定が終わってもシュレーディンガー方程式にしたがって状態が変わっていくので, その効果をとりのぞいたとしたら, という意味です. 例えば, $O_A = a_i$ という測定結果だったとして, そのサンプルを改修後すぐに同じ O_A の測定をすれば,

$$P(O_A = a_i) = \mathrm{Tr}\,(W_{P_i\psi}P_i) = \frac{\langle P_i\psi, P_i(P_i\psi)\rangle}{\|P_i\psi\|^2} = 1$$

によって, 確実に $O_A = a_i$, つまり同じ測定値となることが予言できます.

このルールは射影公理といって, 数式上とても自然な形をしています. 測定によって状態が不連続的に変化するので, 俗に「波動関数の崩壊」とか「波束の収縮」などとよばれています. 波動関数, 波束などは, 普通 $\mathcal{H}$ が無限次元のときの用語ですが, 状態ベクトルのことだと思っていてください.

射影公理は,「測定をしたとき」という特別な場合の状態の時間変化を規定していますが, 人によって色々な捉え方があります.

状態の時間変化は, シュレーディンガー方程式によってあたえられているので, 今問題にしている非測定系と, 測定器もあわせた系を1つの量子系と考えると, そのハミルトニアンもあるはずで, そのハミルトニアンによるシュレーディンガー方程式で, 測定という行為も記述されるはずです. だから射影公理はその大きな系のシュレーディンガー方程式から導かれるべきもので, ルールとして設ける必要がないといった考え方が1つにはあります. 量子力学の多世界解釈はそういう立場をとりますが, それについては12章で少しだけ紹介します.

ルール5は, 純粋状態に対する射影の規則です. 一般の状態だったらどうなるでしょうか. 純粋状態 ψ にあるアンサンブルで測定値 $O_A = a_i$ をえたときの, 状態の変化を

$$O_A = a_i : \psi \dashrightarrow P_i\psi$$

という具合に表しましょう. 密度作用素の言葉でいえば,

$$O_A = a_i : W_\psi \dashrightarrow W_{P_i\psi} = \frac{P_i W_\psi P_i}{\|P_i\psi\|^2}$$

となります.

一般の状態を考えます. それぞれ純粋状態 $\psi^{(1)}, \psi^{(2)}, \ldots, \psi^{(m)}$ にあるアンサンブルを, $p_1 : p_2 : \cdots : p_m$, $(p_1 + \cdots + p_m = 1)$ の割合で混合したアンサンブルの状態は,

$$W = \sum_{j=1}^{m} p_m W_{\psi^{(m)}}$$

です. このアンサンブルからサンプルを1個とってきてオブザーバブル O_A の測定をするのですが, 測定値が $a_i \in \mathrm{Spec}(A)$ だったとしましょう. このサンプルがもともとどの純粋アンサンブルに属していたのかは, 混合するときにシャッフルしたので, わからなくなってしまっているのですが, どの確率で $\psi^{(j)}$ の状態にあったのかはわかります. ただし, それは p_j ではなくて. 測定値が $O_A = a_i$ だったという条件のもとでの確率になります.

このサンプルがもともと「純粋状態 $\psi^{(j)}$ のアンサンブルに属していた」という命題を $\mathscr{E}_j$ という記号で表します. $\mathscr{E}_j$ が真となる確率, つまりたまたま抜き出したサンプルが $\psi^{(j)}$ の状態にある確率を $P(\mathscr{E}_j)$ と書きます. もちろん,

$$P(\mathscr{E}_j) = p_j$$

です. $\mathscr{E}_j$ が真で, かつ $O_A = a_i$ となる確率を $P(\mathscr{E}_j, O_A = a_i)$ と書くと,

$$P(\mathscr{E}_j, O_A = a_i) = p_j \times P(O_A = a_i; W_{\psi^{(j)}})$$
$$= p_j \, \mathrm{Tr}\left(W_{\psi^{(j)}} P_i\right)$$

です. また, 測定値が $O_A = a_i$ となる確率は,

$$P(O_A = a_i) = \mathrm{Tr}\left(W P_i\right)$$

です.

さて, 測定値が $O_A = a_i$ だという条件のもとでの, そのサンプルがもともと状態 $\psi^{(j)}$ にあったという, 条件付きの確率を $P(\mathscr{E}_j | O_A = a_i)$ と書きます. これのみたすべき等式は,

$$P(O_A = a_i) \times P(\mathscr{E}_j | O_A = a_i) = P(\mathscr{E}_j, O_A = a_i)$$

です. これから,

$$P(\mathscr{E}_j|O_A = a_i) = \frac{P(\mathscr{E}_j, O_A = a_i)}{P(O_A = a_i)}$$

$$= \frac{p_j \operatorname{Tr}\left(W_{\psi^{(j)}} P_i\right)}{\operatorname{Tr}(WP_i)}$$

$$= \frac{p_j \left\|P_i \psi^{(j)}\right\|^2}{\operatorname{Tr}(WP_i)}$$

となります.

多数回測定して, 測定値が $O_A = a_i$ となったサンプルだけを集めたとしましょう. こうしてできる新たな混合アンサンブルの状態が, もともと知りたかったものです. そのサンプルは, もともと状態 $\psi^{(j)}$ にあったとしたら, $P_i \psi^{(j)}$ に射影されるのですが, その確率が $P(\mathscr{E}_j|O_A = a_i)$ なので, 新たな混合アンサンブルの状態は

$$W' = \sum_{j=1}^{m} P(\mathscr{E}_j|O_A = a_i) \times W_{P_i \psi^{(j)}}$$

$$= \sum_{j=1}^{m} \frac{p_j \left\|P_i \psi^{(j)}\right\|^2}{\operatorname{Tr}(WP_i)} \frac{P_i W_{\psi^{(j)}} P_i}{\left\|P_i \psi^{(j)}\right\|^2}$$

$$= \frac{P_i W P_i}{\operatorname{Tr}(WP_i)}$$

となることがわかりました.

リューダースの射影公理

状態 W にある系の, オブザーバブル O_A 測定結果が A の固有値 a_i であったとき, P_i を a_i に対応する固有空間への射影とすると, 測定にともなって被測定系の状態は

$$O_A = a_i : W \dashrightarrow \frac{P_i W P_i}{\operatorname{Tr}(WP_i)}$$

のように変化する.

状態 W のアンサンブルで, オブザーバブル O_A の多数回の測定をして, 測定値が何だったかにかかわらず, 測定後のサンプルを回収して新しいアンサンブルを作ったとします. このアンサンブルの状態を考えてみましょう. 新しいアンサンブルを作るとき, どれがどの測定値だったかはわざと忘れることにします. 確率

$$P(O_a = a_i) = \operatorname{Tr}(WP_i)$$

で, 測定後の状態が

$$W_i = \frac{P_i W P_i}{\mathrm{Tr}\,(W P_i)}$$

になるので, このアンサンブルの状態 W' は一般に混合状態で,

$$W' = \sum_{i=1}^{m} P(O_a = a_i) W_i = \sum_{i=1}^{m} P_i W P_i$$

となります.

■ 2.7 量子力学のルール

量子力学のルールをまとめておきます.

量子力学のルール

　量子力学は以下のルールからなる.

ルール 1 : 純粋状態は, 複素ユークリッド・ベクトル空間 $\mathcal{H}$ 上の射線で表される.

ルール 2 : オブザーバブル O_A に $\mathcal{H}$ 上のエルミート作用素 A が対応していて, その対応が

$$O_A \dashrightarrow A$$

なら, 実関数 f に対して

$$f(O_A) \dashrightarrow f(A)$$

と対応する.

ルール 3 : 一般の状態には, トレースが 1 の正作用素 W が対応していて, O_A の多数回測定の平均値は

$$m(O_A) = \mathrm{Tr}\,(WA)$$

となる. 特に純粋状態 W_ψ に対しては,

$$m(O_A) = \frac{\langle \psi, A\psi \rangle}{\|\psi\|^2}$$

となる.

ルール 4 : 量子系にはエルミート作用素 H が付随していて, 純粋状態の時間発展 $\psi(t)$ は,

$$i\hbar \frac{d}{dt} \psi(t) = H\psi(t)$$

にしたがう.

ルール 5 : 純粋状態 ψ にあるアンサンブルで O_A の測定をして, 測定値 $a_i \in \mathrm{Spec}(A)$ をえたとき, 状態はその瞬間に

$$O_A = a_i : \psi \dashrightarrow P_i\psi$$

と変化する.

　以上が大きな枠組みとしての量子力学のルールです. どれも簡単な数式で表されているのがわかります. 実際の自然現象を考えるときは, 複素ユークリッド・ベクトル空間として適切なものを選んで, ハミルトニアンをあたえ, 測定の対象となる系のアンサンブルに状態 ψ, 測定器にオブザーバブル O_A を対応させます.

　ただし, ここまでは n 次元複素ユークリッド・ベクトル空間の話です. 量子力学の教科書の最初に出てくるシュレーディンガー方程式

$$-\frac{\hbar^2}{2m}\frac{d^2\psi}{dx^2} + U(x)\psi = E\psi$$

とのつながりはまだみえないかもしれません. 上の形のシュレーディンガー方程式は, $\mathcal{H}$ が無限次元のときのものです. それについては, 3章でお話しします.

3

ヒルベルト空間

ややこしいものをあまり考えたくないのですが, 量子力学では無限次元ベクトル空間が普通にあらわれ, むしろそちらがメインになります. 多くの場合は, 形式的に有限次元の場合と全く同じように扱います. ここでは, 有限次元からその形式的な無限次元への移行について, 気をつけておいたほうがよいと思うことを話します.

この章以外では無限次元の場合の知識はほぼ必要ないので, ここの内容はとばして後回しにしてもかまいません.

■ 3.1 無限次元ベクトル空間

ベクトル空間の次元というのは, 基底を作るのに必要なベクトルの個数のことです. 有限個のベクトルでは基底を作ることができないときもあります. そんなときでも, ベクトル空間の無限部分集合として基底を考えることができます.

ベクトル空間 V の部分集合 B で以下の条件をみたすものが V の基底です.

1) B の任意の有限部分集合は 1 次独立なベクトルからなる.
2) V の任意のベクトルは, B に属する有限個のベクトルの線形結合で表すことができる.

B が n 個の集合からなるとき, V は n 次元ですが, B が有限集合でないとき, V は無限次元だといいます.

あなたはこの定義に少し違和感を覚えたかもしれません. 多分, 量子力学の教科書に

$$|\psi\rangle = \sum_{k=1}^{\infty} c_k |k\rangle$$

のような, ベクトルの無限級数の形が書いてあったからではないでしょうか.

$$\{|1\rangle, |2\rangle, \dots\}$$

は、上の意味での基底ではなくて、ヒルベルト空間の完全正規直交系というものです。量子力学では、完全正規直交系のほうを使いますが、基底は本来代数的なもので、それに対して完全正規直交系のほうは内積という構造による概念だということは注意しておきましょう。

ヒルベルト空間は、内積を備えた複素ベクトル空間です。複素ユークリッド・ベクトル空間はヒルベルト空間の特別な場合ですが、ヒルベルト空間といえば、無限次元の場合の意味合いがあります。

無限次元だと、無限級数で表されるベクトルを考えることになります。$\mathcal{H}$ をヒルベルト空間として、$\alpha_1, \alpha_2, \dots$ を $\mathcal{H}$ の点列とします。点列といっても、ベクトル空間なのでベクトルの列のことです。無限級数は、$S_1 = \alpha_1$, $S_2 = \alpha_1 + \alpha_2, \dots$ という点列のことです。ヒルベルト空間は点列の極限に意味をもたせたものです。順を追って話しましょう。

無限次元複素座標空間

$$\mathbb{C}^{\mathbb{N}} = \left\{ (c_1, c_2, \dots) \middle| c_i \in \mathbb{C} \quad (i = 1, 2, \dots) \right\}$$

を考えましょう。これは無限次元の複素ベクトル空間です。有限次元の複素ユークリッド・ベクトル空間のような内積を考えたらどうでしょうか。すると、$\alpha = (1, 1, \dots)$ に対して $\langle \alpha, \alpha \rangle = 1 + 1 + \cdots \notin \mathbb{C}$ です。単にこのような内積は定義してはいけないことを意味します。

内積の備わったものに興味があるので、無限次元複素ユークリッド・ベクトル空間

$$\mathbb{C}^{\infty} = \left\{ (c_1, c_2, \dots) \in \mathbb{C}^{\mathbb{N}} \middle| \text{ゼロでない成分は有限個} \right\}$$

を考えたらどうでしょうか。$\mathbb{C}^{\infty}$ のベクトルはゼロでない成分がどんなに多くてもよいですが、有限個でなければなりません。このとき、内積 $\langle \alpha, \beta \rangle$ は有限個の項の和なので、矛盾なく定義できます。$\mathbb{C}^{\infty}$ にはこのように自然な内積が備わっていると思うことができます。

内積が定義されると、$\|\alpha\| = \sqrt{\langle \alpha, \alpha \rangle}$ によって $\mathbb{C}^{\infty}$ 上のノルムも定義されます。すると、$d(\alpha, \beta) = \|\alpha - \beta\|$ によって α と β の距離も定義されることになります。$\mathbb{C}^{\infty}$ は距離空間、つまり距離が定義されている空間です。

距離空間上の点列 $\alpha_1, \alpha_2, \dots$ が $\|\alpha_m - \alpha_n\| \to 0$, $(m, n \to \infty)$ をみたすときに、コーシー列だといいます。どんなコーシー列も収束する距離空間は完備だと

いいます. 例えば有限次元のユークリッド・ベクトル空間は完備ですが, 数直線上の開区間 $(0,1)$ や有理数全体からなる集合などは完備ではありません.

$\alpha_k = (2^{-1}, 2^{-2}, \dots, 2^{-k}, 0, 0, \dots) \in \mathbb{C}^\infty$ とすると, $\|\alpha_m - \alpha_n\|^2 = |2^{-2m} - 2^{-2n}|/3 \to 0, (m, n \to \infty)$ なので, $\alpha_1, \alpha_2, \dots$ はコーシー列です. ところがこれは $\mathbb{C}^\infty$ のどの点にも収束しません. 収束するとすれば $(2^{-1}, 2^{-2}, \dots) \in \mathbb{C}^\mathbb{N}$ なのですが, これは $\mathbb{C}^\infty$ の「外」にある点です. つまり $\mathbb{C}^\infty$ は完備ではないです.

距離空間が完備でなくても, いつでも完備化することができます. それには収束しないコーシー列があれば, それを新たな点とみなして加えていけばよいだけです. 加えていくのは有限個ではないので, すべて加え終わったものを想像してください.

こうしてできあがるのは, スモール・エル・ツー空間といって, 集合としては

$$l^2 = \left\{ (c_1, c_2, \dots) \in \mathbb{C}^\mathbb{N} \ \middle| \ \sum_{i=1}^{\infty} |c_i|^2 < \infty \right\}$$

であたえられます.

l^2 のように, 完備な内積をもつベクトル空間をヒルベルト空間といいます. 量子力学では状態は複素ユークリッド・ベクトル空間の射線だといいましたが, それは有限次元の場合で, 一般にはヒルベルト空間の射線が状態をあたえます.

■ 3.2 可積分関数

どのヒルベルト空間も, 結局は l^2 と同じものしかありません. しかし, l^2 のまま扱うことはあまりなくて, 関数空間を考えることになります. 関数空間についてきちんと説明するのは, 必要以上に長くて難しい話になってしまうので, どういうものなのかという話だけにします.

量子力学で, 1 次元の運動をする質点の状態は波動関数とよばれる複素数値関数 $\psi : \mathbb{R} \to \mathbb{C}$ で表します. ψ 全体のなす空間は関数空間で, 考える問題ごとに決まっています.

C で $\alpha : \mathbb{R} \to \mathbb{C}$ 全体のなす集合とします. C に属する関数は, 連続関数であるともいってませんし, 実際なんでもよいです. ただし, ある点で発散するような関数ははいってません. C が複素ベクトル空間なのは, すぐにわかると思います. 形式的に, C は無限次元座標空間 $\mathbb{C}^\mathbb{N}$ に似ています.

関数の内積は

$$\langle \alpha, \beta \rangle = \int_{\mathbb{R}} \overline{\alpha(x)} \beta(x) dx$$

のような積分であたえられます. C にはこの内積は定義できません. 積分が発散するかもしれないからです. それ以前に, 任意の α, β に対して右辺のような積分が定義されているわけでもありません.

すべての関数 α に $\int \alpha dx$ が定義されるわけではなくて, 関数には「積分可能性」という概念があります. リーマン積分可能という概念は知っているかもしれませんが, 関数空間を作るときに必要なのはそれではなくて, ルベーグ積分の積分可能性です. ルベーグ積分について聞いたことくらいはあると思いますが, 最低限のことだけ話しておきます.

ここでは数直線 $\mathbb{R}$ 上の実数値関数のルベーグ積分について. 本質的なところはこれだけで大体終わります. $\mathbb{R}$ の部分集合 A で,「長さ」が定義できるものを可測集合といいます. 長さのことを, 普通は測度といいます. あなたが思いつく集合は多分可測集合です. 可測集合でないものを思いつくほうが難しいです. そうかといって, 可測集合でないものも無数にあります. 有理数全体のなす集合は可測集合ですが, このような加算個の点からなる集合は測度がゼロです. 可測集合全体のなす集合族を M とします.

測度は, 可測集合 A の関数 $\mu(A)$ としてあたえられます. $\mu(A)$ のとる値は, 非負の実数または, ∞ という値です. この ∞ はただの記号だと思っています. つまり $R^* = [0, \infty) \cup \{\infty\}$ として, $\mu : M \to R^*$ です.

例えば $\mu(\mathbb{R}) = \infty$ ですが, この式の意味は直感的にはわかると思います.

このように, 数直線 $\mathbb{R}$ に可測集合の族 M と測度関数 μ という構造を考えたものを測度空間 $(\mathbb{R}, M, \mu)$ といいます.

関数 $f : \mathbb{R} \to \mathbb{R}$ を考えます. すべての開区間 (a, b) に対して, f による原像 $f^{-1}((a, b))$ が可測集合となるものを, 可測関数といいます. 例えば, 連続関数はすべて可測関数です. 可測関数でないものを探すほうがやはり難しいです.

可測関数全体のなす集合は実ベクトル空間になっています. つまり, f, g を可測関数, $a \in \mathbb{R}$ とすると, $\alpha + a\beta$ も可測関数です. また, 可測関数どうしの積も可測関数になっています.

それに加えて, 可測関数は極限に対してよい性質をもちます. $f_1, f_2, \ldots$ を可測関数の列として, $f_k \to f$, $(k \to \infty)$ とします. つまり $\mathbb{R}$ の各点で $f_k(x) \to f(x)$, $(k \to \infty)$ だとしましょう. このとき, f も自動的に可測関数となっています.

重要な可測関数は, 階段関数です. 階段関数 s とは, s の像が有限個の要素からなる集合 $\{a_1, \ldots, a_r\}$ で, 各 $i = 1, \ldots, r$ に対して $A_i = s^{-1}(a_i)$ が可測集合となるもののことです. ゼロでない a_i に対して $\mu(A_i) \neq \infty$ のとき, 階段関数 s の積分は

$$\int_{\mathbb{R}} s\, dx = \sum_{\{i=1, \ldots, r \mid a_i \neq 0\}} a_i \mu(A_i)$$

と定義されます. このとき, 階段関数 s は可積分だといいます.

一般の関数の積分は, 関数を階段関数で近似して, その積分としてあたえられます. f を非負の可測関数とします. $f \geq s \geq 0$ となる階段関数 s がすべて可積分なとき, f は可積分関数です. $\int_{\mathbb{R}} f\, dx$ の値は, $f \geq s \geq 0$ をみたすあらゆる階段関数 s に対して $a \geq \int_{\mathbb{R}} s\, dx$ となる非負の実数 a のうち, 最小のものとして定義されます. 階段関数のレベル $\{a_1, \ldots, a_r\}$ を細かくして増やしていく極限を考えていることになります.

f が非負だという制限を外した場合も同じように考えます. f を一般の可測関数として, $f_{\pm} = (|f| \pm f)/2$ とすると, $f_{\pm}$ は非負の可測関数になっていて, $f = f_+ - f_-$ と分解できます. f_+, f_- がともに可積分関数のときに f は可積分関数で, $\int_{\mathbb{R}} f\, dx = \int_{\mathbb{R}} f_+ dx - \int_{\mathbb{R}} f_- dx$ と定義すればよいです.

ルベーグ積分とは, 以上のようなものです. 階段関数で近似するのはリーマン積分と同じですが, リーマン積分のときに用いる階段関数は, $A_i = s^{-1}(a_i)$ が単にいくつかの区間からなっていて, 本当に階段のような簡単な形をしたものだけです.

上で考えたルベーグ積分の階段関数は, はるかに複雑な, 階段ともいえないようなものも考慮します. ルベーグ積分ならより広いクラスの関数が可積分となるわけです.

$\mathbb{R}$ 上の複素数値関数の場合も, 実部と虚部に分けて同じように積分を考えることができます.

■ 3.3 関数空間の内積

積分

$$\langle \alpha, \beta \rangle = \int_{\mathbb{R}} \overline{\alpha(x)} \beta(x)\, dx$$

の意味がわかったところで, これを内積とするヒルベルト空間を作ってみましょう.

まず,

$$\langle \alpha, \alpha \rangle = \int_{\mathbb{R}} |\alpha(x)|^2 dx$$

が定義されなければならないので, $|\alpha|^2$ は可積分関数じゃないとだめです. このような関数 α は 2 乗可積分だといいます.

では, 2 乗可積分関数全体のなす集合 $\widetilde{L}^2(\mathbb{R})$ はヒルベルト空間でしょうか. これも違います. なぜかというと, $\alpha(x)$ が恒等的にゼロでなくても, $\langle \alpha, \alpha \rangle = 0$ となることがあるからです. 例えば測度ゼロの集合上で $a \in \mathbb{C}$, その他の点ではゼロとなるような関数ではそうなってます. $\widetilde{L}^2(\mathbb{R})$ は複素ベクトル空間ではありますが, $\langle \alpha, \beta \rangle$ は内積になっていません.

しかし, この点だけが問題なので, 簡単に解消できます. $\widetilde{L}^2(\mathbb{R})$ の, 測度ゼロの集合以外では一致する関数 α, β を, ほとんどいたるところ等しい関数といいます. そして, ほとんどいたるところ等しい関数は同じとみなした 2 乗可積分関数全体のなす集合を $L^2(\mathbb{R})$ といいます. $L^2(\mathbb{R})$ は, 内積を備えた複素ベクトル空間, ヒルベルト空間で, 求めていた量子力学の舞台です.

$(a, b) \subset \mathbb{R}$ 上の 2 乗可積分な複素数値関数の集合から, ほとんどいたるところ等しいものを同一視してできる空間 $L^2((a, b))$ などもヒルベルト空間です.

$L^2(\mathbb{R})$ で表現される系は $\mathbb{R}^1$ 上を運動する質点のもので, 1 次元量子系といいます.

■ 3.4 自己共役作用素

1 次元量子系のように, 無限次元のヒルベルト空間で表される系にも, 量子力学のルールは大体そのまま使えます. ただし, ルールを適用するときに色々とわかりにくいところも出てきます. 無限次元では一体何がおこるのでしょうか.

ヒルベルト空間が有限次元のとき, つまり n 次元複素ユークリッド・ベクトル空間のとき, オブザーバブルは $A = A^*$ をみたすエルミート作用素で表されました. 無限次元でも基本的に同じですが, 無限次元の作用素は有限次元にはなかった問題が出てきます.

1 次元量子系のオブザーバブルのうち, 基本的なのは質点の位置と運動量です. 「位置」に対応するエルミート作用素 A_q は,

$$(A_q \psi)(x) = x \cdot \psi(x)$$

のように定義されます.

　ここで気になることが出てきました. それは, $\psi \in L^2(\mathbb{R})$ でも, $A_q\psi$ が 2 乗可積分とならない場合がある, つまり $A_q\psi \in L^2(\mathbb{R})$ が保証されないということです. ベクトルに行列をかけたらベクトルでなくなった, といっているみたいです.

　無限次元のヒルベルト空間では普通にあることで, A_q の定義域を $L^2(\mathbb{R})$ 全体にはできないことを意味しています. A_q が作用素として有界ではないからです. ヒルベルト空間上の作用素 A は, 正数 C があって, $\|\psi\| = 1$ となる任意のベクトル ψ に対して $\|A\psi\| \le C$ となっているとき, 有界だといいます.

　ヒルベルト空間 $L^2(\mathbb{R})$ で, 非有界な作用素 A は $L^2(\mathbb{R})$ 全体で定義されていなくて, $L^2(\mathbb{R})$ の特定の部分ベクトル空間で定義されています. その定義域を $\mathrm{Dom}(A)$ としましょう. 多くの場合, 興味があるのは $\mathrm{Dom}(A)$ が $L^2(\mathbb{R})$ で稠密なときです. $\mathrm{Dom}(A)$ が $L^2(\mathbb{R})$ で 稠密というのは, 任意の $\psi \in L^2(\mathbb{R})$ に対して, ψ の任意の近傍に $\mathrm{Dom}(A)$ の点が属しているときをいいます. つまり, $L^2(\mathbb{R})$ のどんな関数も $\mathrm{Dom}(A)$ の関数だけでいくらでも精度よく近似できるようになっているときです.

　非有界作用素は, いつも定義域をはっきりさせる必要があります. 作用素 A, B があって, $\mathrm{Dom}(A) \subset \mathrm{Dom}(B)$ で, $\psi \in \mathrm{Dom}(A)$ に対しては $A\psi = B\psi$ のとき, B は A の拡大だといって, $A \subset B$ と書きます. それでも, $\mathrm{Dom}(A) \ne \mathrm{Dom}(B)$ なら A と B は作用素として違うものです. 作用素の等式 $A = B$ は, $A \subset B$ かつ $A \supset B$ を意味します. このときもちろん $\mathrm{Dom}(A) = \mathrm{Dom}(B)$ です.

　オブザーバブルの数学的な表現がエルミート作用素だというのも有限次元の場合と同じで, 位置作用素 A_q もエルミートです. ただし無限次元のヒルベルト空間では,「エルミート」という用語は互いに微妙に異なるいくつかの意味で使われることがあるので, 注意しておきましょう.

　エルミートについて話す前に, 稠密に定義された作用素 A の共役を定義しておきます. 任意の $\beta \in \mathrm{Dom}(A)$ に対して,

$$\langle \alpha, A\beta \rangle = \langle \alpha', \beta \rangle$$

が成り立つようなペア (α, α') を考えます. このようなペアの第 1 成分 α 全体のなす集合を定義域とするような作用素 A^* を $A^*\alpha = \alpha'$ によって定義し, A の共役作用素といいます. $\mathrm{Dom}(A^*)$ は $L^2(\mathbb{R})$ の稠密な部分ベクトル空間です.

　$A^* \supset A$ のとき, つまり, $\alpha, \beta \in \mathrm{Dom}(A)$ に対して $\langle \alpha, A\beta \rangle = \langle A\alpha, \beta \rangle$ が成り

立つとき, A は対称作用素だといいます. 対称作用素のことを「エルミート作用素」ということがあります.

$A^* = A$ は $A^* \supset A$ より厳しい条件ですが, これが成り立つとき A は自己共役作用素だといいます. オブザーバブルに対応するのは, こちらの自己共役作用素のほうだというのが量子力学の基本ルールです. 対称作用素と自己共役作用素は似ているようですが, 性質はかなり違います.

位置作用素 A_q の定義域を今まで曖昧にしていましたが, 定義域を適切に設定すると自己共役作用素だとわかります. $\mathrm{Dom}(A_q)$ を $x \cdot \psi(x)$ が 2 乗可積分となる $\psi \in L^2(\mathbb{R})$ 全体からなる集合としましょう.

$\alpha, \beta \in \mathrm{Dom}(A_q)$ に対して $\int_{\mathbb{R}} \overline{\alpha}(x\beta)dx = \int_{\mathbb{R}} \overline{(x\alpha)}\beta dx$ なので, A_q が対称作用素なのは間違いないです. では, 任意の $\beta \in \mathrm{Dom}(A_q)$ に対して $\int_{\mathbb{R}} \overline{\alpha}(x\beta)dx = \int_{\mathbb{R}} \overline{\alpha'}\beta$ が成り立つような $L^2(\mathbb{R})$ のペア (α, α') はどうなっているでしょうか. 明らかに $\alpha' = x\alpha$ で, α' は 2 乗可積分でなければなりません. これは $(A_q^*\alpha)(x) = x\alpha(x)$ で $\mathrm{Dom}(A_q^*) = \mathrm{Dom}(A_q)$ を意味していて, A_q が自己共役だとわかります.

「位置」は代表的なオブザーバブルですが, 質点の「運動量」はどうするのでしょうか. 運動量に対応する作用素が, 大体 $(A_p\psi)(x) = -i\hbar\psi'(x)$ のようなものだということは知っていると思います. しかし微分操作も $L^2(\mathbb{R})$ 全体では定義できません. 定義域が問題となります.

絶対連続な関数というのは, 定数 c と可積分関数 β を用いて $\alpha(x) = c + \int_0^x \beta(x)dx$ と書ける可測関数のことです. 絶対連続な関数には, 微分ができない点があるかもしれません. それでも $D\alpha = \beta$ によって微分に似た作用素 D を定義します. α が微分可能関数なら, D は普通の微分になります. そこで, 絶対連続な関数 α に対して $A_p\alpha = -i\hbar D\alpha$ とします. A_p の定義域 $\mathrm{Dom}(A_p)$ を, $L^2(\mathbb{R})$ の絶対連続な関数で, β が 2 乗可積分となるもの全体からなる集合とします. これも $L^2(\mathbb{R})$ で稠密です. こうすると A_p は自己共役作用素になります.

■ 3.5 固有状態

位置作用素 A_q や運動量作用素 A_p のような非有界な作用素に対応するオブザーバブルの固有状態には注意が必要です. A_q の固有方程式に相当するのは $x\psi(x) = a\psi(x)$ ですが, このような関数は $\psi(x) = 0$ しかありません. 固有状態は存在しないということになります.

任意の関数 $f(x)$ に対して

$$\int_{\mathbb{R}} \delta(x)f(x)dx = f(0)$$

をあたえる「関数」$\delta(x)$ を, デルタ関数といいます. デルタ関数というのは名前だけで, 関数ではありません. $x = 0$ での値を拾う汎関数 $F[f] = f(0)$ を, 積分の形に形式的に書いているだけです. でも別にあやしいものではなくて, 超関数といってきちんとした意味のあるものです.

デルタ関数については, $x\delta(x - a) = a\delta(x - a)$ という式にも一定の意味があります. そこで $\delta(x - a)$ が位置の固有状態を表しているといいたいところですが, これは $L^2(\mathbb{R})$ に属してないので, 意味がありません. 固有値問題 $A_q\psi = a\psi$ は, $L^2(\mathbb{R})$ 内には解をもたないということになります.

運動量についても同じようなことになります. $(-i)\hbar de^{ipx/\hbar}/dx = pe^{ipx/\hbar}$ なので, $\psi(x) = e^{ipx/\hbar}$ は A_p の固有状態だといいたくなりますが, これも $L^2(\mathbb{R})$ には属していません.

位置や運動量は基本的な物理量です. これらの固有値問題が解けないなら, これらオブザーバブルの測定値はどうなるのでしょうか.

無限次元のヒルベルト空間では, 自己共役作用素のスペクトルが測定値になります. A を定義域が稠密な自己共役作用素とします. 複素数 a は, $(A - aI)B = I$ で, かつ $B(A - aI)$ が $\mathrm{Dom}(A)$ の恒等作用素となるような有界作用素 B が存在しないとき, A のスペクトルだといいます.

A のスペクトルは実数となります. またもし, A の固有値があれば, それは A のスペクトルになっています. A は一般に固有値ではないスペクトルももっていて, 「連続スペクトル」といいます. A のスペクトル全体のなす集合を $\mathrm{Spec}(A)$ とします. オブザーバブルの測定値の集合です. 位置と運動量に関しては, $\mathrm{Spec}(A_q)$, $\mathrm{Spec}(A_p)$ は物理量の次元をのぞいてともに $\mathbb{R}$ 全体です.

オブザーバブルの測定値はわかりましたが, 測定後の状態がやはり気になります. 有限次元のときとの類推で素直に考えると, 位置の測定値が a だった場合, 測定後の状態は $\psi(x) = \delta(x - a)$ に射影されるような気がします. ところがこれは状態ではないわけですから. これに答えるには, 自己共役作用素のスペクトル分解を考える必要があります.

■ 3.6 スペクトル分解

複素ユークリッド・ベクトル空間上のエルミート作用素がスペクトル分解でき
たように, 無限次元のヒルベルト空間でも自己共役作用素のスペクトル分解がで
きます. スペクトル分解とは, 作用素を射影作用素の1次結合の形にすることで
したが, 連続スペクトルがあると, 射影作用素の積分になります. 作用素の積分と
は一体何のことでしょうか.

一般論で話すとわかりにくいかもしれないので, 具体的に位置作用素のスペク
トル分解を中心に考えていきましょう.

実数 a に対して, $L^2(\mathbb{R})$ の部分集合

$$V_a = \{\psi \in L^2(\mathbb{R}) | \psi(x) = 0 \ \ (x > a)\}$$

を考えます. $x > a$ で0となる2乗可積分関数の集合です. これが $L^2(\mathbb{R})$ の部分
ベクトル空間になるのは明らかだと思いますが, 「部分ヒルベルト空間」にもなっ
ています. つまり, V_a の点列 $\psi_1, \psi_2, \ldots$ が $\psi_k \to \psi, (k \to \infty)$ のとき, $\psi \in V_a$
となっているということです. V_a が $L^2(\mathbb{R})$ の閉集合になっているということな
のですが, このような部分ベクトル空間を閉部分空間といいます. 無限次元では
部分ベクトル空間が閉集合かどうなのか, いちいち注意する必要があります.

実数でパラメータ付けされた閉部分空間の集合 $\{V_a\}_{a \in \mathbb{R}}$ ができました. $a \leq b$
なら, $V_a \subset V_b$ という包含関係があります. 完全正規直交系は可算個のベクトルで
作れるのですが, 連続体の濃度の閉部分空間の増加列がこのようにあるわけです.

閉部分空間には射影作用素が対応します. V を $L^2(\mathbb{R})$ の閉部分空間とするとき,

$$V^\perp = \{\psi' \in L^2(\mathbb{R}) | \langle \psi, \psi' \rangle = 0 \ \ (\forall \psi \in V)\}$$

を直交補空間とします. このとき $V^\perp$ も閉部分空間で, $L^2(\mathbb{R})$ の任意のベクトル
ψ は, $\psi = \alpha + \beta, (\alpha \in V, \beta \in V^\perp)$ と一意的に分解されます. そこで, $P\psi = \alpha$ に
よって, 線形作用素 P が定義できます. P は $L^2(\mathbb{R})$ 全体で定義された有界作用素
で, $P^2 = P, P^* = P$ をみたします. ヒルベルト空間でも, このような有界作用素
を射影作用素といいます. 上の P は, 閉部分空間 V への射影とよぶことにします.

V_a への射影を P_a とすると, 包含関係 $V_a \subset V_b$ は, $P_a \leq P_b$ と同等です. これ
は, $P_b - P_a$ が正作用素, つまり任意の $\psi \in L^2(\mathbb{R})$ に対して, $\langle \psi, (P_b - P_a)\psi \rangle \geq 0$
という意味です.

関数への作用として具体的にみてみましょう.

$$\theta_a(x) = \begin{cases} 1, & (x \leq a) \\ 0, & (x > a) \end{cases}$$

という実数 a をパラメータにもつ関数を考えます. このとき, $\psi \in L^2(\mathbb{R})$ に対して

$$(P_a \psi)(x) = \theta_a(x)\psi(x)$$

が射影 P_a の具体的な表現です.

P_a たちは互いに可換です. それは, P_a, P_b があったとき, $P_a \leq P_b$ とすると, $P_a P_b = P_b P_a = P_a$ となるからです. このことから, $P_b - P_a$ も射影作用素になっていることが確かめられます. $P_{a,b} := P_b - P_a$ は閉部分空間 $V_b \cap V_a^\perp$ への射影なので, $a < b \leq c < d$ なら, $P_{a,b}P_{c,d}\psi = 0$ という意味で, $P_{a,b}$ と $P_{c,d}$ は直交していることもわかります.

数直線上に $(n+1)$ 個の点 $a = x_1 < x_2 < \cdots < x_{n+1} = b$ をとり, $\psi \in \mathrm{Dom}(A_q)$ に対して

$$\sum_{i=1}^{n} x_i \left[(P_{x_{i+1}} - P_{x_i})\psi \right](x) = \sum_{i=1}^{n} x_i \left[\theta_{x_{i+1}}(x) - \theta_{x_i}(x) \right] \psi(x)$$

という和を考えましょう. この関数は, 2 乗可積分で, 区間 $[x_i, x_{i+1})$ では $x_i \psi(x)$ になっています. すると, n を増やして $[x_i, x_{i+1})$ の幅を小さくすれば, 区間 $[a,b)$ で関数 $x\psi(x)$ をよく近似することがわかります. 実際任意の $a, b \in \mathbb{R}$, $(a < b)$ に対して極限が存在するので, それを

$$\left(\int_a^b x dP_x \right) \psi(x)$$

と書きます. さらに $a \to -\infty$, $b \to \infty$ という極限をとることができ,

$$x\psi(x) = \left(\int_{\mathbb{R}} x dP_x \right) \psi(x)$$

がえられます. A_q の作用だと,

$$A_q = \int_{\mathbb{R}} x dP_x$$

になります. A_q が互いに直交する射影作用素の 1 次結合の極限として表されています. これが, 無限次元のヒルベルト空間でのスペクトル分解です. 今, 位置作用素について説明しましたが, 自己共役作用素は一般にこれと同じようにスペクトル分解できます.

■ 3.7 測 定

$L^2(\mathbb{R})$ のような無限次元のヒルベルト空間で表されているとき, オブザーバブルの測定値は非有界自己共役作用素のスペクトルです. ところが, 測定値が連続スペクトルに属する場合, 測定後の状態に困ります. 対応する固有状態がないからです. どうすればよいでしょうか.

例えば, 粒子の位置の測定を考えましょう. オブザーバブルとしての位置を O_q としましょう. どんな測定についてもいえることですが, 原理的な話でいえば, 測定値が $O_q = a$ だった, というのはウソです. 本当は, 区間 (a,b) のどれかの値だったことくらいのことしかわからないはずです. つまり O_q というのは, 理想化された空想上のオブザーバブルでしかありません.

実際の測定に対応する自己共役作用素は, 極限をとる前の,

$$A = \sum_{i=1}^{n} x_i(P_{x_{i+1}} - P_{x_i}) + y(I - P_{x_{n+1}} + P_{x_1})$$

のほうが似ています. 最後の項は, y という測定値は質点が $[x_1, x_n)$ にいなかったことを表すと解釈できます. 測定値は, $x_1, x_2, \ldots, x_n$ または y のどれかです.

規格化された状態 ψ で測定値が x_i である確率は,

$$P(O_A = x_i) = \left\| (P_{x_{i+1}} - P_{x_i})\psi \right\|^2 = \int_{x_i}^{x_{i+1}} \left\| \psi(x) \right\|^2 dx$$

です. このことから, $\|\psi(x)\|^2$ が質点を発見する確率分布を表していることがわかります.

状態 $\psi \in L^2(\mathbb{R})$ の「位置」の測定値が $O_A = x_i$ だったとき, 測定後の状態は

$$\psi'(x) = \left[(P_{x_{i+1}} - P_{x_i})\psi \right](x) = (\theta_{x_{i+1}}(x) - \theta_{x_i}(x))\psi(x)$$

となるでしょう. 今, 通常やるような規格化はしていませんが, $\psi'(x)$ は, $\psi(x)$ の区間 $[x_i, x_{i+1})$ の部分以外をゼロにしただけのものになっています. 本来の意味の「波束の収縮」を表しています (図 3.1).

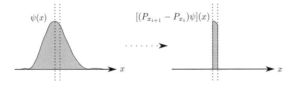

図 **3.1**　波束の収縮の概念図.

■ 3.8 シュレーディンガー表現

　質点の量子力学はなぜ, このような形式なのでしょうか. 古典力学のハミルト
ン形式では, 自由度 n の系の状態は $2n$ 次元の相空間 M の 1 点で表され, ダイナ
ミクスは M 上の実関数, つまり古典論的ハミルトニアン H_{cl} によって支配されま
す. 古典力学における物理量とは相空間上の関数のことで, それらにはポアソン
括弧という積が備わっています. $n = 1$ とすると, M 上の最も基本的な物理量は,
M の標準的な座標関数 q, p で, それらの間のポアソン括弧は

$$\{q, p\} = 1$$

であたえられます.

　それから発見法的に, 古典力学の物理量 f, g のポアソン括弧を

$$\{f, g\} \dashrightarrow \frac{1}{i\hbar}[A_f, A_g] := \frac{1}{i\hbar}(A_f A_g - A_g A_f)$$

のように, 自己共役作用素 A_f, A_g の交換子に置き換えてみようと考えます. どう
いうことかというと, 物理量の適当な集合を考えて, そこに属する物理量を例えば
エルミート行列に置き換えて, それらの間の交換子がもとのポアソン括弧の代数
関係を再現するようにしようというわけです. ところが一般の物理量の集合に対
して, ポアソン括弧の代数をこのようにして再現することは不可能です.

　そこで, せめて基本的なポアソン括弧だけでも再現できればよしとします. そ
ういうことでよいなら,

$$\frac{1}{i\hbar}(A_q A_p - A_p A_q) = I$$

となる自己共役作用素 A_q, A_p を見つければよいわけです. ただし, 定数関数 1 は
恒等作用素 I に対応させました. 量子力学を象徴する基本関係式で, 正準交換関
係といいます.

　A_q, A_p, I が r 次のエルミート行列だとすることはできません. なぜなら, 左辺
のトレースはゼロなのに対し, 右辺のトレースは r だからです. 必然的に無限次
元のヒルベルト空間を考える必要があるわけです.

　今まで説明してきた関数空間 $L^2(\mathbb{R})$ での表現 $A_q \psi = x\psi$, $A_p \psi = -i\hbar D\psi$ を発
見したのはシュレーディンガーで, 正準交換関係のシュレーディンガー表現とい
います. シュレーディンガーより少し前に, 無限次元行列として l^2 での表現を発
見したのはハイゼンベルクたちです.

■ 3.9 ハイゼンベルク/シュレーディンガー描像

　量子力学系の時間発展はシュレーディンガー方程式で予言されますが, 古典力学のハミルトン形式と比べると, 意味が少しだけわかります.

　とにかく, ポアソン括弧を交換子に置き換える操作で, ヒルベルト空間 $L^2(\mathbb{R})$ 上の位置と運動量作用素の表式がえられました.

　ハミルトン形式では, 物理量 f は相空間 M 上の関数で, その時間発展はハミルトニアン H_{cl} によって,

$$\frac{df}{dt} = \{f, H_{\mathrm{cl}}\}$$

とあたえられます. H_{cl} は古典力学でのハミルトニアンで, M 上の関数です.

　つまり, ダイナミクスもポアソン括弧で書けているので, ナゾの置き換え

$$\{\ ,\ \} \dashrightarrow (i\hbar)^{-1}[\ ,\ ]$$

によって, 量子力学版のダイナミクス,

$$\frac{d}{dt}A = \frac{1}{i\hbar}[A, H]$$

が推測できます. A は自己共役作用素で, 一般のオブザーバブルに対応するものだと思っています. H は量子力学的なハミルトニアンで, $L^2(\mathbb{R})$ で稠密に定義された自己共役作用素です. この形は結局正しくて, シュレーディンガー方程式と同等になっています.

　上の方程式は作用素が時間発展することを示唆しています. この場合, 系の状態は時間発展しないで, 一定だとみなされます.「この場合」というのは, 量子系の記述の方法, つまり世界をみる方法のことで, ハイゼンベルク描像といいます.

　ハミルトニアン H は自己共役作用素なので,

$$H = \int_{\mathbb{R}} E\, dP_E$$

のようにスペクトル分解できます. このとき, $t \in \mathbb{R}$ に対して

$$U_t = \int_{\mathbb{R}} e^{-iEt/\hbar}\, dP_E$$

は, ユニタリー作用素になっていて, $U_t H = H U_t$ が成り立っています. $U_t = e^{-iHt/\hbar}$ とも書きます. これは,

$$\frac{d}{dt}U_t = \frac{1}{i\hbar}U_t H$$

という微分方程式をみたしています.

これから,

$$A_t := U_{-t} A U_t$$

とすると, $dU_{-t}/dt = -U_{-t}H$ に注意して,

$$\frac{d}{dt} A_t = \frac{1}{i\hbar} U_{-t}(-HA + AH)U_t = \frac{1}{i\hbar}[A_t, H]$$

と先ほどの微分方程式をみたしていることがわかります. A_t が時刻 t における自己共役作用素です.

実際に測定される客観的な量は A_t ではなく, $\langle \psi, A_t \psi \rangle$ のようなオブザーバブルの測定値の平均です. U_t はユニタリー作用素で, $U_t U_{-t} = I$ となっているので,

$$m(A) := \langle \psi, A_t \psi \rangle = \langle \psi, U_{-t} A U_t \psi \rangle = \langle U_t \psi, U_t U_{-t} A U_t \psi \rangle = \langle U_t \psi, A U_t \psi \rangle$$

と書き直せます. 状態 ψ が時刻 t に依存していて, それを

$$\psi_t = U_t \psi$$

と考えると,

$$m(A) = \langle \psi_t, A \psi_t \rangle$$

とも書けることを意味しています.

オブザーバブルに対応する自己共役作用素は時間的に一定で, 状態が時間変化するという見方は, シュレーディンガー描像といいます. ハイゼンベルク描像もシュレーディンガー描像も, 時間発展に対する 2 通りの見方にすぎません.

前節でもシュレーディンガーとハイゼンベルクが登場しましたが, それは作用素の表現についてでした. ここでは, 系の時間発展に対する描像についての話で, 全く関係ないです.

■ 3.10 エルミート vs. 自己共役

エルミート作用素, つまり対称作用素と自己共役作用素の間には隔たりがあるといいましたが, あまりピンとこなかったと思いますので, 簡単な例を通してそれをみてみましょう.

1 次元を運動する自由粒子の量子力学を考えます. ただし, 運動の範囲は閉区間 $[0, L]$ だとし, ハミルトニアンを

$$H = -\frac{\hbar^2}{2m}\frac{d^2}{dx^2}$$

としましょう. いわゆる「箱の中の粒子」の問題です.

基本的な関数空間として, $L^2[0, L]$ をとります. 複素数値関数 ψ で $[0, L]$ 上で2乗可積分となるもの全体からなる集合で, ほとんどいたるところ等しいものを同一視したものです.

$[0, L]$ 上の運動量作用素 $A_p = -i\hbar D$ を考えてみましょう. 定義域として多分もっともらしいのは,

$$\mathrm{Dom}(A_p) := \left\{\psi \in AC[0, L] \middle| \psi(0) = \psi(L) = 0\right\}$$

でしょう. ただし $AC[0, L]$ は, 閉区間 $[0, L]$ で絶対連続で, $D\psi \in L^2[0, L]$ となるような関数全体のなす集合です. $\psi \in \mathrm{Dom}(A_p)$ は絶対連続なので, $[0, L]$ 上のほとんどいたるところで微分可能です. ルベーグ積分するときは, 積分の中の $D\psi$ は普通の微分 $\psi' = d\psi/dx$ のように扱えます. $\phi, \psi \in \mathrm{Dom}(A_p)$ とすると,

$$\langle\phi, A_p\psi\rangle - \langle A_p\phi, \psi\rangle = -i\hbar\int_0^L \overline{\phi}\psi' dx + i\hbar\int_0^L \overline{\phi'}\psi dx$$

$$= -i\hbar\int_0^L (\overline{\phi}\psi)' dx$$

$$= -i\hbar\left[\overline{\phi(L)}\psi(L) - \overline{\phi(0)}\psi(0)\right] = 0$$

ですので, A_p は対称作用素になります.

しかしこれは自己共役ではないです. それは

$$\mathrm{Dom}(A_p^*) = AC[0, L] \neq \mathrm{Dom}(A_p)$$

だからです. つまり,

$$\langle\phi, A_p\psi\rangle = \langle A_p^*\phi, \psi\rangle$$

を成り立たせるために, ϕ には $x = 0, L$ での境界条件は必要ないということです.

このようなときには,「自己共役拡大」の可能性を考えます. 共役作用素の定義を思い出してみましょう.

$$\langle\phi, A_p\psi\rangle = \langle\widetilde{\phi}, \psi\rangle$$

をみたす $\phi, \widetilde{\phi}$ の組が存在するとき, ϕ は A_p^* の定義域に入るのでした. もし, A_p の定義域を今より広くとったらどうでしょう. つまり, 上の方程式で ψ に課される条件を弱くしたらどうかということです. 当然, 方程式は成立しにくくなるばか

りです. ということは, 方程式が成立するために, ϕ にはより厳しい条件がつくことになります. つまりこのとき, $\mathrm{Dom}(A_p^*)$ は一般に今より少し狭くなるでしょう.

今, $\mathrm{Dom}(A_p) \subset \mathrm{Dom}(A_p^*)$ ですが, もしかしたら, $\mathrm{Dom}(A_p)$ を少し広くして, $\mathrm{Dom}(A_p) = \mathrm{Dom}(A_p^*)$ とできるかもしれません. このように, $\mathrm{Dom}(A_p)$ を少し広くすることによって A_p を自己共役作用素にしたもののことを A_p の自己共役拡大といいます.

フォン・ノイマンによって, 対称作用素の自己共役拡大は, 次のような手順を踏めばよいことが知られています. 一般の閉対称作用素 A についての話です. A が閉作用素だというのは, $\mathrm{Dom}(A)$ の列 $\psi_1, \psi_2, \ldots$ が $\psi_i \to \psi \in \mathcal{H}$ かつ $A\psi_i \to \phi$ のとき, $\psi \in \mathrm{Dom}(A)$ かつ $A\psi = \phi$ が成り立つようなもののことです. これは, A のグラフ

$$\Gamma_A = \{(\psi, A\psi) \in \mathcal{H} \times \mathcal{H} | \psi \in \mathrm{Dom}(A)\}$$

が, $\mathcal{H} \times \mathcal{H}$ の閉集合だといっているのと同じです.

a を正の実定数として, ϕ に関する方程式

$$A^*\phi = \pm ia\phi$$

を考えます. これらの解空間を

$$N_\pm = \mathrm{Ker}(A^* \mp iaI)$$

と書きます. $N_\pm$ の次元を不足指数といって, それぞれ $\nu_\pm$ とします. つまり,

$$\nu_\pm = \dim N_\pm$$

です. a は単に次元を揃えるための定数で, なんでもよくて $\nu_\pm$ は a にはよりません.

次のことは, 結果だけ知っておくことにしましょう. まず $\nu_+ = \nu_- = 0$ のとき, A は自己共役です. それから $\nu_+ = \nu_- > 0$ のとき, A は自己共役拡大をもちます. 最後に, $\nu_+ \neq \nu_-$ のとき, A の自己共役拡大は存在しません.

不足指数について, $\nu_+ = \nu_- > 0$ となっているとしましょう. A は自己共役拡大をもちますが, それをどうやって見つけるのでしょうか. これには実は, $N_\pm$ 間のユニタリー変換を考えるとよいです. ユニタリー作用素

$$U : N_+ \to N_-$$

を 1 つ決めます. するとその U に対して, A の自己共役拡大 A_U が 1 つ定まりま

す. A_U の定義域を

$$\mathrm{Dom}(A_U) = \left\{ \psi + \phi + U\phi \in \mathcal{H} \,\middle|\, \psi \in \mathrm{Dom}(A), \phi \in N_+ \right\}$$

とします. 明らかに $\mathrm{Dom}(A_U) \supset \mathrm{Dom}(A)$ です. そして, A_U の作用を

$$A_U(\psi + \phi + U\phi) = A\psi + A^*(\phi + U\phi)$$
$$= A\psi + ia(\phi - U\phi), \quad (\psi \in \mathrm{Dom}(A), \phi \in N_+)$$

によって定めれば, $A_U = (A_U)^*$ となっています. 自己共役拡大は一意的ではなくて, ユニタリー行列のぶんだけ自由度があることになります.

　以上が一般の閉対称作用素 A についてですが, $A_p = -i\hbar D$ について調べてみましょう.

$$N_\pm = \mathrm{Ker}\left(A_p^* \mp i\frac{\hbar}{L}I \right) = \mathbb{C}e^{\mp x/L}$$

なので, $\nu_+ = \nu_- = 1$ です. したがって, A_p の自己共役拡大は存在します. ユニタリー変換 $U : N_+ \to N_-$ は位相変換になります. それは θ をパラメータとして,

$$U_\theta : \exp\left(-\frac{x}{L} \right) \longmapsto e^{i\theta} \exp\left(\frac{x - L}{L} \right)$$

という形に書けます. ですから, $A_p = -i\hbar D$ が

$$\psi = \widetilde{\psi} + \alpha\left(e^{-x/L} + e^{i\theta}e^{(x-L)/L} \right), \quad (\widetilde{\psi} \in \mathrm{Dom}(A_p), \alpha \in \mathbb{C})$$

という形の関数に対して,

$$A_p\psi = -i\hbar\left[D\widetilde{\psi} + \alpha\left(-\frac{1}{L}e^{-x/L} + \frac{1}{L}e^{(x-L)/L} \right) \right]$$

と作用するように, A_p の定義域を広げてやればよいです.

　上の関数 ψ は,

$$\psi(L) = e^{i\xi}\psi(0)$$

をみたす絶対連続関数の一般形になっています. ただし,

$$e^{i\xi} := e^{i\theta}\frac{e + e^{-i\theta}}{e + e^{i\theta}} \in U_1$$

です. したがって, A_p の自己共役拡大はパラメータ $e^{i\xi} \in U_1$ によっていて, それを $A_{p,\xi}$ と書くと, 定義域は

$$\mathrm{Dom}(A_{p,\xi}) = \left\{ \psi \in AC[0,L] \,\middle|\, \psi(L) = e^{i\xi}\psi(0) \right\}$$

であたえられることがわかります. $A_{p,\xi}$ の固有値は, $p = (\hbar/L)(\xi + 2\pi j), (j \in \mathbb{Z})$,

対応する固有関数は $\psi = e^{ipx/\hbar}$ ということになります.

ハミルトニアン $H = -(\hbar^2/2m)D^2$ についても, 自己共役拡大ができます. H の定義域を

$$\mathrm{Dom}(H) = \left\{ \psi \in AC^2[0,L] \big| \psi(0) = \psi(L) = 0, \psi'(0) = \psi'(L) = 0 \right\}$$

とします. ただし, $\psi \in AC^2[0,L]$ は, $\psi \in L^2[0,L]$, ψ は微分可能, かつ $\psi' \in AC[0,1]$ という意味です. すると, 不足指数は 2 で, 自己共役拡大は 2 次のユニタリー行列のぶんだけ自由度があります. ただ場合分けが少し面倒になります. 1 つだけ, 例をあげておきましょう. それは,

$$\mathrm{Dom}(H_{\mathrm{Dir}}) = \left\{ \psi \in AC^2[0,L] \big| \psi(0) = \psi(L) = 0 \right\}$$

というものです. つまり, ディリクレ境界条件をみたすもので, よく用いられるものです.

$L \to \infty$ とすると, 不足指数が 1 となりすっきりした話になるので, こちらのほうを考えてみます. 今, $x \geq 0$ を運動する質点の系を考えます. ハミルトニアンは $H = -(\hbar^2/2m)D^2$, 定義域を

$$\mathrm{Dom}(H) = \left\{ \psi \in AC^2[0,\infty) \big| \psi(0) = 0, D\psi(0) = 0\psi(0) = 0, D\psi(0) = 0 \right\}$$

とします. ただし, $\psi \in AC^2[0,\infty)$ は, $\psi \in L^2[0,\infty)$, ψ は微分可能, ψ' は絶対連続, かつ $D^2\psi \in L^2[0,\infty)$ という意味です. このとき, 自動的に $\psi \to 0$, $\psi' \to 0$ $(x \to \infty)$ が成り立っています.

部分積分によって,

$$\begin{aligned}
\langle \phi, H\psi \rangle &= -\frac{\hbar^2}{2m} \int_0^\infty \overline{\phi}\psi'' dx \\
&= -\frac{\hbar^2}{2m} \int_0^\infty \overline{\phi''}\psi dx - \frac{\hbar^2}{2m} \left[\overline{\phi(x)}\psi'(x) - \overline{\phi'(x)}\psi(x) \right]_0^\infty \\
&= \left\langle -\frac{\hbar^2}{2m}D^2\phi, \psi \right\rangle
\end{aligned}$$

となっているので, H は対称作用素だとわかります. しかし,

$$\mathrm{Dom}(H^*) = AC^2[0,\infty) \neq \mathrm{Dom}(H)$$

ですので, 自己共役ではありません. H をハミルトニアンとよぶのはまだ早かったわけです.

$a > 0$ を長さの次元をもつ定数として方程式

$$H^* \phi = \pm i \frac{\hbar^2}{2ma^2} \phi$$

を考えましょう. 解空間は,

$$N_+ = \mathrm{Ker}\left(H^* - i\frac{\hbar^2}{2ma^2}I\right) = \mathbb{C}\exp\left(-\frac{1+i}{\sqrt{2}a}x\right),$$

$$N_- = \mathrm{Ker}\left(H^* + i\frac{\hbar^2}{2ma^2}I\right) = \mathbb{C}\exp\left(-\frac{1-i}{\sqrt{2}a}x\right)$$

ですので, 不足指数は $\nu_+ = \nu_- = 1$ です. 自己共役拡大が存在します.

ユニタリー変換 $U_\theta : N_+ \to N_-$ を

$$U_\theta : \exp\left(-\frac{1+i}{\sqrt{2}a}x\right) \longmapsto e^{i\theta}\exp\left(-\frac{1-i}{\sqrt{2}a}x\right)$$

と定めます. H の定義域に, 次の形のベクトルたちを加えることにしましょう. それは, $\widetilde{\psi} \in \mathrm{Dom}(H)$, $\alpha \in \mathbb{C}$ として,

$$\psi = \widetilde{\psi} + \alpha\left[\exp\left(-\frac{1+i}{\sqrt{2}a}x\right) + e^{i\theta}\exp\left(-\frac{1-i}{\sqrt{2}a}x\right)\right]$$

という形のものです.

この形だとわかりにくいですが, これらはすべて境界条件

$$\psi'(0) = \kappa\psi(0),$$

$$\kappa = -\frac{1 + \tan\dfrac{\theta}{2}}{\sqrt{2}a} \in \mathbb{R}$$

をみたします. 実際, $\kappa \in \mathbb{R}$ をパラメータとして,

$$\mathrm{Dom}(H_\kappa) = \left\{\psi \in AC^2[0,\infty) \,\middle|\, \psi'(0) = \kappa\psi(0)\right\}$$

とすれば, H_k は H の自己共役拡大になります. 形式的に $\kappa = \infty$ として,

$$\mathrm{Dom}(H_\infty) = \left\{\psi \in AC^2[0,\infty) \,\middle|\, \psi(0) = 0\right\}$$

も自己共役拡大をあたえます. 物理的には, κ の値は $x = 0$ における壁の性質の違いを表しています. つまり, 波が反射するときにどれだけ波の位相がシフトするのかが κ の値で異なります. 例えば, e^{-ikx} が左向きに進む波, e^{ikx} が右向きに進む波だとすると, ハミルトニアン H_κ のもとでは, 定常状態は

$$\psi(x) = e^{-ikx} + e^{i\eta}e^{ikx}$$

$$e^{i\eta} := \frac{ik + \kappa}{ik - \kappa}$$

で表されます. これは $x = 0$ で反射波の位相が η だけずれることを意味します.

4

状 態 決 定

多数回測定によってわかるのは, あるオブザーバブルの平均値だけなので, 状態が直接わかるわけではありません. ここでは量子トモグラフィー, つまり量子状態を決定することを考えます.

そのためには, いくつかの種類の測定をしなければなりません. どのような測定を行えば量子状態を決定できるでしょうか.

■ 4.1 密度作用素の空間

n 次元複素ユークリッド・ベクトル空間 $\mathcal{H}$ 上の密度作用素全体のなす集合 Dens の構造をもう少し考えてみます. 密度作用素はエルミート作用素なので, エルミート作用素全体のなす集合 Herm に目を向けてみましょう.

Herm は実ベクトル空間です. 次元は n 次のエルミート行列のパラメータの数を数えればよくて, 対角線に n 個の実パラメータ, それ以外のところに $n(n-1)/2$ 個の複素パラメータがあるので, n^2 次元になります. さらに, 実ベクトル空間 Herm に内積を定義しておきます.

> **(定義) エルミート作用素の内積**
>
> A, B をエルミート作用素とするとき, 内積 $\langle\ ,\ \rangle_F : \mathrm{Herm} \times \mathrm{Herm} \to \mathbb{R}$ を
>
> $$\langle A, B\rangle_F = \mathrm{Tr}\,(AB)$$
>
> と定義する.

実ベクトル空間の内積が複素ベクトル空間の内積と違う点は, 実数値をとることと, エルミート性のかわりに, 対称性 $\langle A, B\rangle_F = \langle B, A\rangle_F$ が成り立つことです. また, 第1スロット, 第2スロットの両方に関して実線形です.

こうして, Herm は内積をもつ実ベクトル空間, すなわち実ユークリッド・ベクトル空間になります. 正規直交基底のもとでは,

$$\langle A, B \rangle_{\mathrm{F}} = \sum_{i,j=1}^{n} A_{ji} B_{ij} = \sum_{i,j=1}^{n} \overline{A}_{ij} B_{ij}$$

です. 複素数にみえるかもしれませんが,

$$\langle A, B \rangle_{\mathrm{F}} = \sum_{i=1}^{n} A_{ii} B_{ii} + \sum_{1 \le i < j \le n} (\overline{A}_{ij} B_{ij} + A_{ij} \overline{B}_{ij})$$

と並べ替えると実数値だとわかります.

多数回測定によって, オブザーバブルの測定値の平均値がわかるのですが, これが何をみたことになっているのか, 幾何学的に捉えてみましょう. 密度作用素は, トレースが 1 だということがわかっています. おかげで, 2 つの密度作用素の和をとると密度作用素でなくなります. そこで,

$$W^\circ := W - \frac{1}{n} I$$

を密度作用素のゼロ・トレース部分ということにします.

(定義) 密度作用素のゼロ・トレース空間

密度作用素のゼロ・トレース部分全体のなす集合を

$$\mathrm{Dens}^\circ = \left\{ W^\circ \in \mathrm{Herm} \,\middle|\, W^\circ + \frac{1}{n} I \in \mathrm{Dens} \right\}$$

と書き, 密度作用素のゼロ・トレース空間という.

Dens° は Herm 内で Dens を $(-1/n)I$ だけ平行移動したもので, $(n^2 - 1)$ 個の実パラメータをもつ, Herm の凸空間になっています (図 4.1).

密度作用素は, トレースが 1 の正作用素ということで特徴付けられていました. そのゼロ・トレース部分のみたすべき性質として言い換えてみましょう.

密度作用素についてのトレースが 1 だという性質は, トレースがゼロという性質に置き換わります. これは,

$$\mathrm{Tr}\,(W^\circ) = \langle W^\circ, I \rangle_{\mathrm{F}} = 0$$

と, Herm の内積の形で表せます.

密度作用素が正作用素だという性質は, すべての $\psi \in \mathcal{H}$ に対して

$$\langle \psi, W^\circ \psi \rangle = \langle \psi, W\psi \rangle - \left\langle \psi, \frac{1}{n}\psi \right\rangle \ge -\frac{1}{n} \|\psi\|^2$$

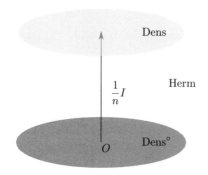

図 **4.1** Herm 内のゼロ・トレース空間 Dens°.

が成り立つことに置き換わります. この条件は, P_ψ を $\mathcal{H}$ の 1 次元部分空間 $\mathbb{C}\psi$ への射影として,

$$\langle W^\circ, P_\psi \rangle_{\mathrm{F}} \geq -\frac{1}{n}$$

と書き換えることができます.

Dens° の性質

密度作用素のゼロ・トレース部分 W° は 2 つの条件

1) 恒等作用素と直交する:

$$\langle W^\circ, I \rangle_{\mathrm{F}} = 0.$$

2) $\mathcal{H}$ の 1 次元部分空間 $\mathbb{C}\psi$ への射影を P_ψ とすると, 任意の $\psi \in \mathcal{H}$, $\psi \neq 0$ に対して

$$\langle W^\circ, P_\psi \rangle_{\mathrm{F}} \geq -\frac{1}{n}$$

が成り立つ.

をみたす. また, これらの条件をみたすエルミート作用素は Dens° に属する.

■ 4.2 同時測定

同時測定という概念があります. 何のことはありません. 測定をすると状態が変わってしまうので, 1 回の測定で 2 つのオブザーバブルの測定をしても, その測定値はもとの状態のものではないでしょう. この点が量子力学と古典力学の違いなのですが, 特別な場合には, 一度に複数のオブザーバブルの測定をすることに意味があります. つまり, わざわざ同時測定という言葉を持ち出すのは, 普通は同時

に測定なんかできないよ, ということを裏返しにいっているだけのことです.

例えば, 状態 W にあるアンサンブルで, オブザーバブル O_A の測定を行い, 測定後のサンプルを回収して続けて別のオブザーバブル O_B の測定を行ったとします. O_A に対応するエルミート作用素 A のスペクトル分解を

$$A = \sum_{i=1}^{r} a_i P_i$$

とすると, O_A の測定結果が $O_A = a_i$ だったときのサンプルの状態は

$$W_i = \frac{P_i W P_i}{\mathrm{Tr}\,(W P_i)}$$

となります. O_B には B が対応するとして, スペクトル分解を

$$B = \sum_{j=1}^{s} b_j Q_j$$

とすると, 状態 W_i で $O_B = b_j$ となる確率は,

$$P(O_B = b_j; W_i) = \mathrm{Tr}\,(W_i Q_j) = \frac{\mathrm{Tr}\,(P_i W P_i Q_j)}{\mathrm{Tr}\,(W P_i)} = \frac{\mathrm{Tr}\,(W P_i Q_j P_i)}{\mathrm{Tr}\,(W P_i)}$$

と計算できます. 結局, 続けて $O_A = a_i$, $O_B = b_j$ となる確率を $P((O_A, O_B) = (a_i, b_j))$ と書くと,

$$P((O_A, O_B) = (a_i, b_j)) = P(O_A = a_i)P(O_B = b_j; W_i)$$
$$= \mathrm{Tr}\,(W P_i Q_j P_i)$$

ということになります.

この確率分布から計算した O_B の測定値の平均 $m'(O_B)$ は

$$m'(O_B) = \sum_{i=1}^{r} P((O_A, O_B) = (a_i, b_j)) = \sum_{i=1}^{r} \mathrm{Tr}\,(W P_i Q_j P_i)$$

ですが, これは一般に $m(O_B) = \mathrm{Tr}\,(W Q_j)$ とは異なります. これが同時測定できないということの意味です. 1 個のサンプルを 2 つの測定器にかけても, もとの状態に対する正しい統計がえられない, 測定できてないということです.

ところが上の計算をみると, P_i と Q_j がすべての (i, j) の組に対して可換だとすると, 正しい確率分布がえられることに気がつきます. その場合,

$$P((O_A, O_B) = (a_i, b_j)) = \mathrm{Tr}\,(W P_i Q_j P_i) = \mathrm{Tr}\,(W P_i Q_j)$$

です. また, O_B の測定を行った直後に O_A の測定を行って, 測定値が $O_B = b_j$, $O_A = a_i$ となる確率も同様に,

$$P((O_B, O_A) = (b_j, a_i)) = \mathrm{Tr}\,(WQ_j P_i)$$
$$= \mathrm{Tr}\,(WP_i Q_j)$$
$$= P((O_A, O_B) = (a_i, b_j))$$

と同じものがえられるはずです. これに基づいて $O_A = a_i$ となる確率, $O_B = b_j$ となる確率をそれぞれ計算すると,

$$m'(P_i) = \sum_{j=1}^{s} P((O_A, O_B) = (a_i, b_j)) = \mathrm{Tr}\,(WP_i) = m(P_i),$$

$$m'(Q_j) = \sum_{i=1}^{r} P((O_A, O_B) = (a_i, b_j)) = \mathrm{Tr}\,(WQ_j) = m(Q_j)$$

と, 正しい結果になります. この場合, 同時測定できることになります. そして, この場合というのは, A と B が可換な場合です.

複数のオブザーバブルがある場合に拡張するのは簡単で, 次のようになります.

同時測定

どの 2 つをとっても可換なエルミート作用素 $A^{(1)}, \ldots, A^{(m)}$ に対応するオブザーバブルを $O_{A^{(1)}}, \ldots, O_{A^{(m)}}$ とする. 状態 W にあるアンサンブルの測定で, これらを同時にすべて測定しても, 別個に測定しても, 測定値に対して同じ統計がえられる.

「同時測定できる」というのは, 結局多数回測定はしなければならないのですが, 1 回ごとの測定に着目したとき, 順番はどうでもよいので異なる複数のオブザーバブルを測定して, 正しい統計結果がえられることをいいます.

■ 4.3 測定の基底

m 個のエルミート作用素 $A^{(1)}, \ldots, A^{(m)}$ が互いに可換なら, 対応するオブザーバブル $O_A^{(1)}, \ldots, O_A^{(m)}$ の同時測定ができます. 1.4 節でみたように, エルミート作用素 $A^{(1)}, \ldots, A^{(m)}$ は適当な正規直交基底 $e_1, \ldots, e_n$ のもとで同時に対角線行列にできます. 1 次元部分空間 $\mathbb{C}e_i$ への射影を P_i として, これがオブザーバブル O_{P_i} に対応しているとすると, $P_1, \ldots, P_n$ は互いに可換なので, $O_{P_1}, \ldots, O_{P_n}$ は同時測定可能なオブザーバブルたちです.

$$A^{(k)} = \sum_{i=1}^{n} a_i^{(k)} P_i, \quad (k = 1, 2, \ldots, m)$$

と書けるので, すべての $m(O_{P_i})$ が測定によってわかると,

$$m(O_{A^{(k)}}) = \sum_{i=1}^{n} a_i^{(k)} m(P_i)$$

によって, オブザーバブル $O_{A^{(k)}}$ の平均値も計算できます. 結局, 同時測定というのは, 適当な正規直交基底に関して, n 個のオブザーバブル $O_{P_1}, \ldots, O_{P_n}$ の同時測定以上のことはしていないわけです. これらは同時測定できる最も基本的なオブザーバブルの組ということになります.

(定義) 測定の基底

n 次元複素ユークリッド・ベクトル空間 $\mathcal{H}$ の1次元部分空間への射影の組 $P_1, \ldots, P_n$ が互いに直交するとき, 対応するオブザーバブルの組 $O_{P_1}, \ldots, O_{P_n}$ を測定の基底という. また, これらのオブザーバブルの同時測定を測定の基底 $O_{P_1}, \ldots, O_{P_n}$ で測定するという.

$a_1, \ldots, a_n$ を互いに異なる n 個の実数として,

$$A = \sum_{i=1}^{n} a_i P_i$$

とします. このとき, 各 P_i は A の多項式なので, A に対応するオブザーバブル O_A があったとすると, O_A の測定で $O_{P_1}, \ldots, O_{P_n}$ の同時測定をしたことになります. このようなオブザーバブルの測定は最も効率的です. 極大オブザーバブルといいます.

(定義) 極大オブザーバブル

重複した固有値をもたないエルミート作用素 A に対応するオブザーバブル O_A を極大オブザーバブルという.

このように, 同時測定は極大オブザーバブルの測定に帰着できます.

■ 4.4 不確定性関係

ハイゼンベルクの不確定性原理というのは, 量子力学という理論の特徴を説明するのによく用いられるものです. 原理といっても, 約束事ではなくてすでに説明したルールから導かれる定理のようなものです.

どのようなものか簡単に説明しておきます. ハイゼンベルクは, 電子の位置の

測定を考えます. すると, 位置を精密に特定すればするほど, どうしても避けられない運動量の不確かさが生じるという結論を導いています. 電子を顕微鏡でみればよいのですが, みるということは電子に光を当てて跳ね返った光をみているわけです. すると, 光は波なので, 干渉によって像がぼやけます. 像のぼやけ方は波長に比例します. 電子の横方向の位置が光の波長に比例してわからないことになります. 波長の短い光を使えば電子の位置ははっきりします. ところが, 光は波長に反比例した運動量をもっているので, 波長の短い光を電子に当てると, 電子が光から運動量を受け取って, 今度は電子がどれだけの運動量をもっているのか不確かになります. すると, 大体位置の不確かさ Δx と運動量の不確かさ Δp の積は

$$\Delta x \Delta p \approx h$$

となります. ハイゼンベルクはこの類の思考実験をいくつかあげて, 測定の限界を表す

$$\Delta x \Delta p > C \times h$$

という不等式が成り立つと主張しました. C は大体 1 の大きさのある定数で, 正確な値はよくわかりません. 物体の位置と運動量を同時に正確に知ることは原理的に不可能だという主張です.

　不確定性原理は, 量子力学の核心的な部分にふれているわけですが, 特殊な例をあげることによる帰納的な推論になっているので注意は必要です. 量子力学は古典力学では説明できないものを記述する, 新しい枠組みだということを強調するための, 大きな話なんだと思っていたらよいと思います.

　量子力学のルールだけから, 不確定性原理の内容を反映する不等式が導けるので紹介しておきます. こちらは, 曖昧さがなくて意味がわかりやすいです. ただし, ハイゼンベルクの不確定性関係は, 測定誤差と測定による反作用の間の関係式なのに対して, 以下のものは多数回測定の平均値の間の不等式なので, 物理的な意味は異なります.

(定義) オブザーバブルの標準偏差

　　オブザーバブル O_A に対して,

$$\sigma(O_A) = \sqrt{m(O_A^2) - m(O_A)^2}$$

を O_A の標準偏差という.

エルミート作用素

$$\mathscr{A} := A - m(O_A)I$$

に対応するオブザーバブルを $O_{\mathscr{A}}$ とします. O_A の測定値から定数 $m(O_A)$ を差し引いた測定値をもつオブザーバルです. $m(O_A)$ はあらかじめわかっていると考えておきます. すると,

$$
\begin{aligned}
m(O_{\mathscr{A}}^2) &= \mathrm{Tr}\left(W(A - m(O_A)I)^2\right) \\
&= \mathrm{Tr}\left(WA^2\right) - 2m(O_A)\,\mathrm{Tr}\,(WA) + m(O_A)^2\,\mathrm{Tr}\,(W) \\
&= m(O_A^2) - m(O_A)^2 \\
&= \sigma(O_A)^2
\end{aligned}
$$

となっています.

$\psi \in \mathcal{H}$, $\|\psi\| = 1$ の純粋状態に対しては,

$$\sigma(O_A)^2 = m(O_{\mathscr{A}}^2) = \left\langle \psi, \mathscr{A}^2\psi \right\rangle = \langle \mathscr{A}\psi, \mathscr{A}\psi \rangle = \|\mathscr{A}\psi\|^2$$

となります. 同様に,

$$\mathscr{B} := B - m(O_B)I$$

とすると,

$$\sigma(O_B)^2 = \|\mathscr{B}\psi\|^2$$

です. シュバルツの不等式 $\|u\|\,\|v\| \geq |\langle u, v\rangle|$ を使うと,

$$
\begin{aligned}
\sigma(O_A)\sigma(O_B) &= \|\mathscr{A}\psi\|\,\|\mathscr{B}\psi\| \geq |\langle \mathscr{A}\psi, \mathscr{B}\psi\rangle| \\
&= \left| \frac{\langle \mathscr{A}\psi, \mathscr{B}\psi\rangle + \langle \mathscr{B}\psi, \mathscr{A}\psi\rangle}{2} + i\frac{\langle \mathscr{A}\psi, \mathscr{B}\psi\rangle - \langle \mathscr{B}\psi, \mathscr{A}\psi\rangle}{2i} \right| \\
&= \left| \frac{\langle \psi, \{\mathscr{A}, \mathscr{B}\}\psi\rangle}{2} - i\frac{\langle \psi, i[\mathscr{A}, \mathscr{B}]\psi\rangle}{2} \right| \\
&= \frac{1}{2}\sqrt{\langle \psi, \{\mathscr{A}, \mathscr{B}\}\psi\rangle^2 + \langle \psi, i[\mathscr{A}, \mathscr{B}]\psi\rangle^2} \\
&= \frac{1}{2}\sqrt{m(O_{\{\mathscr{A}, \mathscr{B}\}})^2 + m(O_{i[\mathscr{A}, \mathscr{B}]})^2}
\end{aligned}
$$

となります. ただし,

$$
\begin{aligned}
\{\mathscr{A}, \mathscr{B}\} &:= \mathscr{A}\mathscr{B} + \mathscr{B}\mathscr{A}, \\
i[\mathscr{A}, \mathscr{B}] &:= i(\mathscr{A}\mathscr{B} - \mathscr{B}\mathscr{A})
\end{aligned}
$$

で, どちらもエルミート作用素です. 対応するオブザーバブル $O_{\{\mathscr{A}, \mathscr{B}\}}$, $O_{i[\mathscr{A}, \mathscr{B}]}$

があると考えています.

$$m(O_{\{\mathscr{A},\mathscr{B}\}}) = m(O_{\{A,B\}}) - 2m(O_A)m(O_B),$$

$$m(O_{i[\mathscr{A},\mathscr{B}]}) = m(O_{i[A,B]})$$

と計算できるので, 次がいえます.

> **シュレーディンガー・ロバートソンの不等式**
> 　純粋状態におけるオブザーバブル O_A, O_B, $O_{\{A,B\}}$, $O_{i[A,B]}$ の多数回測定において, シュレーディンガー・ロバートソンの不等式
> $$\sigma(O_A)\sigma(O_B) \geq \frac{1}{2}\sqrt{(m(O_{\{A,B\}}) - 2m(O_A)m(O_B))^2 + m(O_{i[A,B]})^2}$$
> が成り立つ.
> 　これからただちにしたがう
> $$\sigma(O_A)\sigma(O_B) \geq \frac{1}{2}|m(O_{i[A,B]})|$$
> をロバートソンの不等式という.

　不確定性原理はもともと位置 x, 運動量 p についてのもので, $[x,p] = i\hbar I$ をみたしているものです. x, p は有限次元ユークリッド・ベクトル空間のエルミート作用素ではないですが, 上の議論はそのまま使えて,

$$\sigma(O_x)\sigma(O_p) \geq \frac{\hbar}{2}$$

となります. こちらはケナードの不等式とよばれます. 多数回測定における測定値の標準偏差に対する不等式なので, 意味はわかりやすいです.

■ 4.5 不偏な基底

　多数回測定によって, オブザーバブルの測定値の平均値だけがわかります. しかし測定の本来の目的はアンサンブルの状態についての情報を知ることです. できれば, 状態を完全に決定したいところです. オブザーバブルの平均値からそんなものが求まるのでしょうか.

　ここでは, 適当に複数の種類のオブザーバブルの多数回測定をすれば求まる, ということを理解していきましょう.

　最も効率のよい測定は極大オブザーバブルの測定で, それは n 次元複素ユークリッド・ベクトル空間だとしたら, 測定の基底 $P_1, \ldots, P_n$ の同時測定のことでし

た. これらの多数回測定で求まるのは, $m(O_{P_1}), \ldots, m(O_{P_n})$ という n 個の実数です. ただし,

$$m(O_{P_1}) + m(O_{P_2}) + \cdots + m(O_{P_n}) = 1$$

なので, 独立な量としては $(n-1)$ 個です.

Herm は n^2 次元の実ベクトル空間で, 密度作用素はその空間の中でトレースが 1 という制限がついているので, 密度行列を決めるには $(n^2 - 1)$ 個の実パラメータが必要です. ということは, 単純計算で $n^2 - 1$ を割ることの $n-1$ で $(n+1)$ 種類の極大オブザーバブルの測定が少なくとも必要だとわかります. このことを, もう少し精密にみていきましょう.

n 次元複素ユークリッド・ベクトル空間 $\mathcal{H}$ 上の極大オブザーバブル O_A の測定の基底を

$$P_1, P_2, \ldots, P_n$$

とし, これらを Dens° の中へ平行移動したものを

$$P_1^\circ, P_2^\circ, \ldots, P_n^\circ$$

とします. Dens° は Herm の中の $(n^2 - 1)$ 次元平面内に収まった凸空間で, P_i° たちは Herm の原点と Dens° のそれぞれ n 個の点を結ぶベクトルです.

アンサンブルの状態が $W \in$ Dens であたえられるとき, O_A の多数回測定でえられるのは n 個の実数の組

$$m(O_{P_i}) = \langle W, P_i \rangle_{\mathrm{F}}, \quad (i = 1, 2, \ldots, n)$$

です. 同じことですが,

$$q_i := \left\langle W^\circ, P_i^\circ \right\rangle_{\mathrm{F}} = m(O_{P_i}) - \frac{1}{n}, \quad (i = 1, 2, \ldots, n)$$

がえられます.

P_i° たちは Herm のベクトルとして 1 次独立ではなくて,

$$\sum_{i=1}^{n} P_i^\circ = O$$

をみたしているので,

$$\sum_{i=1}^{n} q_i = 0$$

という関係式があります. 実質的には $(n-1)$ 個の実数パラメータが, O_A の多

数回測定でえられたことになります. これらの $(n-1)$ 個のパラメータ, 例えば $q_1, \ldots, q_{n-1}$ は独立なパラメータです. これらの間には特別な関係式がないという意味です.

（定義）極大オブザーバブルの定める平面

極大オブザーバブル O_A に対応する測定の基底を

$$P_1, P_2, \ldots, P_n$$

とするとき, それらが定める Herm の部分空間のなす平面

$$\mathcal{P}_A := \left\{ \sum_{i=1}^{n-1} c_i P_i^\circ \in \mathrm{Herm} \,\middle|\, c_i \in \mathbb{R} \ (i = 1, 2, \ldots, n-1) \right\}$$

を O_A の定める平面とよぶ. $\mathcal{P}_A$ は Herm の原点を通る $(n-1)$ 次元平面になっている.

極大オブザーバブル O_A の多数回測定によってえられる情報 $q_1, \ldots, q_{n-1}$ は, O_A の定める平面 $\mathcal{P}_A$ への $W^\circ \in \mathrm{Dens}^\circ$ の射影成分だといえます. このようにして, 多数回測定でえられる情報に幾何学的な意味をあたえることができました.

状態についてもっと多くの情報をえたければ, 別のオブザーバブルを測定する必要があります. わかりやすく, $\mathcal{P}_A$ と直交する平面に対応した極大オブザーバブル O_B の測定を考えましょう. O_B の測定の基底を

$$Q_1, Q_2, \ldots, Q_n$$

とすると, $\mathcal{P}_A \perp \mathcal{P}_B$ となる条件は,

$$\langle P_i^\circ, Q_j^\circ \rangle_{\mathrm{F}} = 0, \quad (i, j = 1, 2, \ldots, n)$$

と書けます. これは

$$\langle P_i, Q_j \rangle_{\mathrm{F}} = \frac{1}{n}, \quad (i, j = 1, 2, \ldots, n)$$

とも書けます.

測定の基底が何組かあって, どの2組も上のような関係にあるとき, これらの基底たちは互いに不偏だといいます.

（定義）互いに不偏な基底

測定の基底のいくつかの組

$$P_1^{(r)}, P_2^{(r)}, \ldots, P_n^{(r)}, \quad (r = 1, 2, \ldots, m)$$

に関係式

$$\left\langle P_i^{(r)}, P_j^{(s)} \right\rangle_F = \begin{cases} \delta_{ij}, & (r = s) \\ \dfrac{1}{n}, & (r \neq s) \end{cases}$$

が成り立つとき, それらの基底は互いに不偏であるという.

測定の基底

$$P_1^{(r)}, \ldots, P_n^{(n)}$$

に対応する $\mathcal{H}$ の正規直交基底を

$$e_1^{(r)}, \ldots, e_n^{(n)}$$

とすると, 測定の基底の組 $\{P_i^{(1)}\}, \ldots, \{P_i^{(m)}\}$ が互いに不偏だという条件は

$$\left| \left\langle e_i^{(r)}, e_j^{(s)} \right\rangle \right| = \begin{cases} \delta_{ij}, & (r = s) \\ \dfrac{1}{\sqrt{n}}, & (r \neq s) \end{cases}$$

とも書けます. このとき, これら m 組の正規直交基底は互いに不偏だという言い方をします.

互いに不偏な基底のいくつかの基本的な性質をみておきましょう.

互いに不偏な基底の数の上限

n 次元複素ユークリッド・ベクトル空間上の互いに不偏な基底は, 高々 $(n+1)$ 組からなる.

《証明》

互いに不偏な測定の基底が m 組あったとして, それらが定める平面をそれぞれ $\mathcal{P}^{(r)}$, $(r = 1, 2, \ldots, m)$ とします. $\mathcal{P}^{(r)}$ たちは, $(n^2 - 1)$ 次元の凸空間 Dens° 内の互いに直交する $(n-1)$ 次元平面なので, $m \leq n+1$ でなければなりません.

(証明終)

もし $(n+1)$ 組の互いに不偏な基底があれば, それらの多数回測定によって, 状態が決定してしまうことをみてみましょう.

状態の決定

n 次元複素ユークリッド・ベクトル空間上に $(n+1)$ 組の互いに不偏な基底

$$P_1^{(r)}, P_2^{(r)}, \ldots, P_n^{(r)}, \quad (r = 1, 2, \ldots, n+1)$$

と，それぞれに対応する極大オブザーバブルがあるとき，それらの極大オブザーバブルの多数回測定で

$$W = \sum_{r=1}^{n+1} \sum_{i=1}^{n} m\left(O_{P_i^{(r)}}\right) P_i^{(r)} - I$$

によって状態を決定することができる.

(証明)

そのような極大オブザーバブルたちが存在したとして，それらに対応する測定の基底を

$$P_1^{(r)}, P_2^{(r)}, \ldots, P_n^{(r)}, \quad (r = 1, 2, \ldots, n+1)$$

と表します. これらが定める平面をそれぞれ $\mathcal{P}^{(r)}$ とします.

状態を表す密度作用素のゼロ・トレース部分を $W^\circ \in \mathrm{Dens}^\circ$ とすると，極大オブザーバブルの多数回測定によって，

$$\begin{aligned} q_i^{(r)} &:= \left\langle W^\circ, \left(P_i^{(r)}\right)^\circ \right\rangle_{\mathrm{F}} \\ &= m\left(O_{P_i^{(r)}}\right) - \frac{1}{n}, \quad (i = 1, 2, \ldots, n; r = 1, 2, \ldots, n+1) \end{aligned}$$

がえられます.

W° の平面 $\mathcal{P}^{(r)}$ 上への直交射影成分を

$$\left(W^{(r)}\right)^\circ := \sum_{i=1}^{n-1} c_i^{(r)} (P_i^{(r)})^\circ$$

とおきます. すると，連立方程式

$$\begin{aligned} q_i^{(r)} &= \left\langle W^\circ, \left(P_i^{(r)}\right)^\circ \right\rangle_{\mathrm{F}} = \left\langle \left(W^{(r)}\right)^\circ, \left(P_i^{(r)}\right)^\circ \right\rangle_{\mathrm{F}} \\ &= \sum_{j=1}^{n-1} c_j^{(r)} \left\langle \left(P_j^{(r)}\right)^\circ, \left(P_i^{(r)}\right)^\circ \right\rangle_{\mathrm{F}} \\ &= c_i^{(r)} - \frac{1}{n} \sum_{j=1}^{n-1} c_j^{(r)}, \quad\quad\quad (i = 1, 2, \ldots, n-1) \end{aligned}$$

がえられます.

解くことができて，

$$c_i^{(r)} = q_i^{(r)} + \sum_{j=1}^{n-1} q_j^{(r)}, \quad (i = 1, 2, \ldots, n-1)$$

と求まります.

$$\sum_{i=1}^{n} q_i^{(r)} = 0,$$

$$\sum_{i=1}^{n} \left(P_i^{(r)} \right)^{\circ} = 0$$

に注意すると,

$$\left(W^{(r)} \right)^{\circ} = \sum_{i=1}^{n-1} \left(q_i^{(r)} + \sum_{j=1}^{n-1} q_j^{(r)} \right) \left(P_i^{(r)} \right)^{\circ}$$

$$= \sum_{i=1}^{n} q_i^{(r)} \left(P_i^{(r)} \right)^{\circ}$$

がえられます.

したがって, 密度作用素が

$$W = \sum_{r=1}^{n+1} \left(W^{(r)} \right)^{\circ} + \frac{1}{n} I = \sum_{r=1}^{n+1} \sum_{i=1}^{n} m \left(O_{P_i^{(r)}} \right) P_i^{(r)} - I$$

と求まります. (証明終)

■ 4.6 素数次元

n 次元複素ユークリッド・ベクトル空間上に, $(n+1)$ 組の互いに不偏な基底があれば, それらの多数回測定によって状態が決定できます. しかし, いつも都合よく $(n+1)$ 組あるとは限りません. $(n+1)$ 組もないときは, 状態が決定できないということではなくて, 測定の基底を適当にたくさんとればできます. ただ互いに不偏な基底で状態を決定するのは, Dens$^{\circ}$ の中で直交する平面の成分を別々に測定することになっているので, 無駄がなくて効率がよいというだけです.

効率のよい状態決定ができる, つまり互いに不偏な $(n+1)$ 組の基底があるのはどんな場合でしょうか. 少なくとも, n が素数のときにはそのような基底の組が存在することをみていきましょう.

$n = 2$ のときから考えていきます. 2 次元の複素ユークリッド・ベクトル空間は, 電子などのフェルミオンのスピンの状態を表すことができるので, 応用上はよく用いられます.

$\mathcal{H}$ の正規直交基底を e_1, e_2 とします. $n = 2$ のときはパウリ行列を必ず使うことになります.

(定義) パウリ行列

3 つの行列

$$\sigma_1 = \begin{pmatrix} 0 & 1 \\ 1 & 0 \end{pmatrix}, \quad \sigma_2 = \begin{pmatrix} 0 & -i \\ i & 0 \end{pmatrix}, \quad \sigma_3 = \begin{pmatrix} 1 & 0 \\ 0 & -1 \end{pmatrix}$$

をパウリ行列という. 正規直交基底における成分がパウリ行列になるエルミート作用素たち $\sigma_1, \sigma_2, \sigma_3$ をパウリ作用素という.

パウリ作用素たちのもつ基本的な性質です.

パウリ作用素の性質

パウリ作用素 σ_r, $(r = 1, 2, 3)$ には以下の性質がある.

$$(\sigma_r)^* = \sigma_r,$$
$$(\sigma_r)^2 = I,$$
$$\sigma_r \sigma_s = -\sigma_s \sigma_r, \qquad\qquad (r \neq s)$$
$$\sigma_1 \sigma_2 = i\sigma_3, \quad \sigma_2 \sigma_3 = i\sigma_1, \quad \sigma_3 \sigma_1 = i\sigma_2$$

これらはパウリ行列の具体的な形から直接確かめることができます. 今はパウリ行列を具体的にあたえて, それを成分にもつエルミート作用素としてパウリ作用素を定義していますが, 上の関係式をみたす 3 つの線形作用素の組がパウリ作用素だと思ってもよいです.

$$P_r := \frac{1}{2}(I - \sigma_r), \quad (r = 1, 2, 3)$$

と定義すると, P_r は射影作用素です. さらに,

$$P_1^{(r)} := P_r, \quad P_2^{(r)} = I - P_r, \quad (r = 1, 2, 3)$$

とすると,

$$\left\langle P_i^{(r)}, P_j^{(s)} \right\rangle_{\mathrm{F}} = \begin{cases} \delta_{ij}, & (r = s) \\ \dfrac{1}{2}, & (r \neq s) \end{cases}$$

となっていることが確かめられます. つまり, $r = 1, 2, 3$ に対して $P_1^{(r)}, P_2^{(r)}$ はそれぞれ測定の基底になっていて, これらは互いに不偏です.

対応する 3 組の正規直交基底は,

$$e_1^{(1)} = \frac{e_1 + e_2}{\sqrt{2}}, \quad e_2^{(1)} = \frac{e_1 - e_2}{\sqrt{2}},$$
$$e_1^{(2)} = \frac{e_1 - ie_2}{\sqrt{2}}, \quad e_2^{(2)} = \frac{e_1 + ie_2}{\sqrt{2}},$$
$$e_1^{(3)} = e_1, \qquad e_2^{(3)} = e_2$$

と選ぶことができます. $e_1^{(r)}$, $e_2^{(r)}$ はパウリ作用素 σ_r の固有値 1, -1 にそれぞれ対応する固有ベクトルになっています.

スピンの測定なら, 測定の基底 $P_1^{(r)}$, $P_2^{(r)}$ で測定することを, r 方向のスピン, あるいは $r = 1, 2, 3$ に対してそれぞれ x, y, z 軸方向のスピンを測定するという言い方をします.

このように, $n = 2$ のときは互いに不偏な基底が最大数あります.

次に, p を奇素数 (3 以上の素数) として, p 次元の複素ユークリッド・ベクトル空間を $\mathcal{H}$ とします.

$\mathcal{H}$ の正規直交基底 $e_1, \ldots, e_p$ を 1 つ固定します. ω を原始 p 乗根, つまり $\omega, \omega^2, \ldots, \omega^{p-1} \neq 1$ で $\omega^p = 1$ となる複素数とします. ここでは $\omega = e^{2\pi i/p}$ とします.

$$e_j^{(r)} := \frac{1}{\sqrt{p}} \sum_{l=1}^{p} \omega^{rl^2 + jl} e_l, \quad (r, j = 1, 2, \ldots, p)$$

と定義します.

よく知られている整数論の公式を用います.

整数論の公式

ω を原始 p 乗根とすると, 和の公式

$$\sum_{k=1}^{p} \omega^{jk} = \begin{cases} p, & (j \equiv 0 \pmod{p}) \\ 0, & (j \not\equiv 0 \pmod{p}) \end{cases}$$

が成り立つ.

(証明)

$j \equiv 0 \pmod{p}$ のとき, つまり j が p で割り切れるときは明らか. $j \not\equiv 0 \pmod{p}$ のとき, $\omega^j \neq 1$ なので,

$$\sum_{k=1}^{p} \omega^{jk} = \frac{\omega^j - \omega^{(p+1)j}}{1 - \omega^j} = \frac{\omega^j(1 - \omega^{pj})}{1 - \omega^j} = 0$$

から明らかです. (証明終)

ガウスの和公式も用います.

> ### ガウスの和公式
> ω を原始 p 乗根とすると, 和の公式
> $$\left| \sum_{k=1}^{p} \omega^{k^2} \right| = \sqrt{p}$$
> が成り立つ.

これらを用いて, 以下を示していきます.

> ### $\{e_j^{(r)}\}$ は正規直交基底
> 各 r について, $e_1^{(r)}, \ldots, e_p^{(r)}$ は正規直交基底になっている.

(証明)

$\{e_j^{(r)}\}$ が正規直交基底であることは,

$$\left\langle e_j^{(r)}, e_k^{(r)} \right\rangle = \frac{1}{p} \sum_{l=1}^{p} \sum_{m=1}^{p} \omega^{-rl^2 - jl + rm^2 + km} \langle e_l, e_m \rangle$$

$$= \frac{1}{p} \sum_{l=1}^{p} \omega^{l(k-j)} = \delta_{jk}$$

からしたがいます. (証明終)

次は, 各正規直交基底が互いに不偏なことです.

> ### $\{e_j^{(r)}\}$ と $\{e_j^{(s)}\}$ は互いに不偏
> 2 組の正規直交基底 $\{e_j^{(r)}\}$, $\{e_j^{(s)}\}$ は互いに不偏.

(証明)

$r \neq s$ とします.

$$\left\langle e_j^{(r)}, e_k^{(s)} \right\rangle = \frac{1}{p} \sum_{l=1}^{p} \sum_{m=1}^{p} \omega^{-rl^2 - jl + sm^2 + km} \langle e_l, e_m \rangle$$

$$= \frac{1}{p} \sum_{l=1}^{p} \omega^{(s-r)l^2 + (k-j)l}$$

となります. $4(s-r)$ と p は互いに素, つまりこれらをともに割り切る自然数は 1 だけです. このことから, $4(s-r)a \equiv 1 \pmod{p}$ となる自然数 a, $(1 \leq a \leq p-1)$ がとれます. すると,

$$\omega^{(s-r)l^2+(k-j)l} = \omega^{4a(s-r)^2l^2+4a(s-r)(k-j)l}$$
$$= \omega^{a(2(s-r)l+k-j)^2}\omega^{-a(k-j)^2}$$

です. ω^a も原始 p 乗根なので, ガウスの和公式より,

$$\left|\left\langle e_j^{(r)}, e_k^{(s)}\right\rangle\right| = \frac{1}{p}\left|\sum_{l=1}^{p}(\omega^a)^{(2(s-r)l+k-j)^2}\right|$$
$$= \frac{1}{p}\left|\sum_{l'=1}^{p}(\omega^a)^{l'^2}\right| = \frac{1}{\sqrt{p}}$$

がしたがいます. 2番目の等式は, l が $1, 2, \ldots, p$ を動くとき, 順番は違うかもしれないけれど, $2(s-r)l+k-j$ も mod p で $1, 2, \ldots, p$ を動くことに気がつけば理解できます. (証明終)

次を示せば, 互いに不偏な基底が $(p+1)$ 組あることがわかります.

> **$\{e_j\}$ と $\{e_j^{(r)}\}$ は互いに不偏**
> 2組の正規直交基底 $\{e_j\}$, $\{e_j^{(r)}\}$ は互いに不偏.

(証明)

e_j と $e_k^{(r)}$ の内積は,

$$\left\langle e_j, e_k^{(r)}\right\rangle = \frac{1}{\sqrt{p}}\omega^{rj^2+kj}$$

となります. したがって明らかに

$$\left|\left\langle e_j, e_k^{(r)}\right\rangle\right| = \frac{1}{\sqrt{p}}$$

となります. これから互いに不偏だとわかります. (証明終)

こうして, 素数 p 次元の複素ユークリッド・ベクトル空間には互いに不偏な基底が最大限あり, $(p+1)$ 個の極大オブザーバブルの多数回測定で, 状態を決定できるとわかりました.

■ 4.7 スピン状態

2次元複素ユークリッド・ベクトル空間 $\mathcal{H}$ 上の状態の決定をやってみましょう. スピン $1/2$ の状態空間です. 正規直交基底 e_1, e_2 をとります. 状態を $W \in \mathrm{Dens}$ とします. 密度行列はトレースが1のエルミート行列なので, 実数のパラメータ

p, q, r を用いて

$$\boldsymbol{W} = \frac{1}{2}\begin{pmatrix} 1+r & p-iq \\ p+iq & 1-r \end{pmatrix} = \frac{1}{2}(I + p\boldsymbol{\sigma}_1 + q\boldsymbol{\sigma}_2 + r\boldsymbol{\sigma}_3)$$

と書けます. これが密度作用素となるには, 2つの固有値がともに非負でなければなりませんが, その必要十分条件は

$$\det \boldsymbol{W} = \frac{1}{4}(1 - p^2 - q^2 - r^2) \geq 0$$

です.

スピンの状態空間

2次元複素ユークリッド・ベクトル空間上の一般の状態 $W \in \mathrm{Dens}$ は $p^2 + q^2 + r^2 \leq 1$ をみたす実数 p, q, r を用いて

$$W = \frac{1}{2}(I + p\sigma_1 + q\sigma_2 + r\sigma_3)$$

と書ける. したがって, 密度作用素の空間は $\mathbb{R}^3$ の閉じた球体

$$\mathrm{Dens} = D^3 := \{(p, q, r) \in \mathbb{R}^3 | p^2 + q^2 + r^2 \leq 1\}$$

になる.

スピンの状態というのは, 私たちの目の前にみえる空間にあるボールの内部, あるいは表面にある点として理解できるので, わかりやすいです. 2つの異なる状態にあるアンサンブルを混合した状態は, 混合前の状態に対応するボール内の2点を結ぶ線分の内分点に対応していることも簡単に確かめられます. ボール内の異なる2点の内分点にならない点は, ボールの表面にしかないので, 次がいえます.

スピンの純粋状態

2次元複素ユークリッド・ベクトル空間上の純粋状態 $W_\psi \in \mathrm{Dens}$ は $p^2 + q^2 + r^2 = 1$ をみたす実数 p, q, r を用いて

$$W_\psi = \frac{1}{2}(I + p\sigma_1 + q\sigma_2 + r\sigma_3)$$

と書ける. したがって, 純粋状態の空間は $\mathbb{R}^3$ の球面

$$S^2 := \{(p, q, r) \in \mathbb{R}^3 | p^2 + q^2 + r^2 = 1\}$$

になる. この球面をブロッホ球面という (図 4.2).

それでは, スピンの状態 W の決定をしてみましょう. 互いに不偏な測定の基底は 4.6 節にあたえてあります. 状態を決定する極大オブザーバブルとして, エル

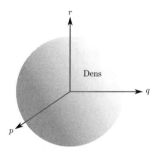

図 4.2 スピンの状態空間は $\mathbb{R}^3$ 内のボール (球体) からなる. 境界の 2 次元球面はブロッホ球面といって, 純粋状態に対応する.

ミート作用素

$$s_r := \frac{\hbar}{2}\sigma_r, \quad (r = 1, 2, 3)$$

に対応する $O_{s_1}, O_{s_2}, O_{s_3}$ を用いることにします. それぞれスピンの x, y, z 成分といいます. $\hbar$ が入っているので, 角運動量の次元をもつ物理量です.

多数回測定でえられるのは $m(O_{s_r})$, $(r = 1, 2, 3)$ という 3 つの実数パラメータです.

$$P_1^{(r)} = \frac{1}{2}I + \frac{1}{\hbar}s_r,$$
$$P_2^{(r)} = \frac{1}{2}I - \frac{1}{\hbar}s_r, \quad (r = 1, 2, 3)$$

より,

$$m\left(O_{P_1^{(r)}}\right) = \frac{1}{2} + \frac{1}{\hbar}m(O_{s_r}),$$
$$m\left(O_{P_2^{(r)}}\right) = \frac{1}{2} - \frac{1}{\hbar}m(O_{s_r}), \quad (r = 1, 2, 3)$$

がわかります. したがって,

$$W = \sum_{r=1}^{3}\sum_{i=1}^{2} m\left(O_{P_i^{(r)}}\right)P_i^{(r)} - I$$
$$= \frac{1}{2}\left(I + \frac{2m(O_{s_1})}{\hbar}\sigma_1 + \frac{2m(O_{s_2})}{\hbar}\sigma_2 + \frac{2m(O_{s_3})}{\hbar}\sigma_3\right)$$

です. つまり, Dens は $\mathbb{R}^3$ の球体の点だったのですが, この $\mathbb{R}^3$ とはスピンの x, y, z 成分に $2/\hbar$ をかけただけの空間のことだとわかりました.

スピンの状態決定

　スピンの x, y, z 方向の多数回測定による測定値の平均がそれぞれ $m(O_{s_1})$, $m(O_{s_2})$, $m(O_{s_3})$ だったとき, 状態は

$$W = \frac{1}{2}\left(I + \frac{2m(O_{s_1})}{\hbar}\sigma_1 + \frac{2m(O_{s_2})}{\hbar}\sigma_2 + \frac{2m(O_{s_3})}{\hbar}\sigma_3\right)$$

であたえられる.

5

エンタングルメント

　量子系の状態はベクトルなので, 2 つの状態の重ね合わせがベクトルの線形結合として考えられます. 状態の重ね合わせは古典力学系にはない概念です. もうひとつ量子力学に特徴的な状態として, エンタングルメントがあります. エンタングルメントというのは, 2 つまたはそれ以上の量子系を 1 つの量子系とみたときに生じる量子状態に対する概念で, 複数の系の量子論的な相関を表すものです. ここでは, 複数の系の合成を記述する方法と, 状態のエンタングルメントについてみてみましょう.

■ 5.1　合成系

　物理系が複数あったとき, それら全体を 1 つの物理系とみなすことができます. そのときの全体の物理系のことを合成系とよびます. ここでは, 合成系の状態の表し方をみていきましょう.

　2 つの物理系があって, 系 1 と系 2 と名前をつけておきます. 系 1 は n_1 次元複素ユークリッド・ベクトル空間 $\mathcal{H}_1$, 系 2 は n_2 次元複素ユークリッド・ベクトル空間 $\mathcal{H}_2$ によって状態が表されています.

　系 1, 系 2 の純粋アンサンブルがそれぞれあったとして, アンサンブル 1, アンサンブル 2 とよびましょう. アンサンブル 1 のサンプルに 1 つずつ, アンサンブル 2 の 1 つのサンプルを対応させて, たくさんのサンプルのペアを作ります. するとこのペアを 1 つのサンプルとする, 大きなアンサンブルができます. これが合成系のアンサンブルです.

　今作ったペアは, 全部同じもののコピーになっています. このことから合成系のアンサンブルは純粋状態にあることがわかります. それでは, これはどんなベクトルになっているでしょうか.

　合成系の状態は, $\mathcal{H}_1$ と $\mathcal{H}_2$ から作られる新しい複素ユークリッド・ベクトル空間 $\mathcal{H}_1 \otimes \mathcal{H}_2$ の言葉で表されるというのが, とりあえず答えです.

(定義) 複素ユークリッド・ベクトル空間のテンソル積

　n_1 次元複素ユークリッド・ベクトル空間 $\mathcal{H}_1$ と n_2 次元複素ユークリッド・ベクトル空間 $\mathcal{H}_2$ があり, $\mathcal{H}_1$ の正規直交基底を

$$e_1, e_2, \ldots, e_{n_1},$$

$\mathcal{H}_2$ の正規直交基底を

$$f_1, f_2, \ldots, f_{n_2}$$

とする. $n_1 n_2$ 個の

$$e_i \otimes f_j, \quad (i = 1, 2, \ldots, n_1; j = 1, 2, \ldots, n_2)$$

という形のものを正規直交基底とする, $n_1 n_2$ 次元の複素ユークリッド・ベクトル空間を $\mathcal{H}_1$ と $\mathcal{H}_2$ のテンソル積といい, $\mathcal{H}_1 \otimes \mathcal{H}_2$ と書く.

　合成系の純粋状態は, $\mathcal{H}_1 \otimes \mathcal{H}_2$ のベクトルで表されます. 一般的に,

$$\Psi = \sum_{i=1}^{n_1} \sum_{j=1}^{n_2} \Psi_{ij} e_i \otimes f_j$$

$$= \Psi_{11} e_1 \otimes f_1 + \Psi_{12} e_1 \otimes f_2 + \cdots + \Psi_{1n_2} e_1 \otimes f_{n_2}$$

$$+ \Psi_{21} e_2 \otimes f_1 + \Psi_{22} e_2 \otimes f_2 + \cdots + \Psi_{2n_2} e_2 \otimes f_{n_2} + \cdots$$

$$+ \Psi_{n_1 1} e_{n_1} \otimes f_1 + \Psi_{n_1 2} e_{n_1} \otimes f_2 + \cdots + \Psi_{n_1 n_2} e_{n_1} \otimes f_{n_2}$$

という形をしています.

　$\{e_i \otimes f_j\}$ が正規直交基底なことから, $\alpha = \sum_{i,j} \alpha_{ij} e_i \otimes f_j$, $\beta = \sum_{i,j} \beta_{ij} e_i \otimes f_j$ の内積は

$$\langle \alpha, \beta \rangle_{\mathcal{H}_1 \otimes \mathcal{H}_2} = \sum_{i=1}^{n_1} \sum_{j=1}^{n_2} \overline{\alpha}_{ij} \beta_{ij}$$

です. いくつかの複素ユークリッド・ベクトル空間を同時に考えていて, どの空間の内積かを区別したいときは $\langle \, , \, \rangle_{\mathcal{H}_1 \otimes \mathcal{H}_2}$ などと書いています.

(定義) ベクトルのテンソル積

　$\alpha = \sum_i \alpha_i e_i \in \mathcal{H}_1$ と $\beta = \sum_j \beta_j f_j \in \mathcal{H}_2$ のテンソル積を

$$\alpha \otimes \beta = \sum_{i,j} \alpha_i \beta_j e_i \otimes f_j \in \mathcal{H}_1 \otimes \mathcal{H}_2$$

によって定義する.

すでに正規直交基底を $e_i \otimes f_j$ という記号で書いていますが, これはちょうど e_i と f_j のテンソル積になっているので, 記法を混同しているわけではないです.

これから, テンソル積には次のような性質があることがわかります.

テンソル積の性質

任意の $\alpha,\, \alpha' \in \mathcal{H}_1,\, \beta,\, \beta' \in \mathcal{H}_2,\, a \in \mathbb{C}$ に対して次が成り立つ.

$$(\alpha + \alpha') \otimes \beta = \alpha \otimes \beta + \alpha' \otimes \beta,$$

$$\alpha \otimes (\beta + \beta') = \alpha \otimes \beta + \alpha \otimes \beta',$$

$$(a\alpha) \otimes \beta = a(\alpha \otimes \beta),$$

$$\alpha \otimes (a\beta) = a(\alpha \otimes \beta),$$

$$\langle \alpha \otimes \beta, \alpha' \otimes \beta' \rangle_{\mathcal{H}_1 \otimes \mathcal{H}_2} = \langle \alpha, \alpha' \rangle_{\mathcal{H}_1} \langle \beta, \beta' \rangle_{\mathcal{H}_2}$$

これらはテンソル積の基本的な性質です. テンソル積をとることを,「テンソルする」といったりもします.

純粋アンサンブル 1 の状態が $\psi \in \mathcal{H}_1$ で, 純粋アンサンブル 2 の状態が $\phi \in \mathcal{H}_2$ だとしたら, 合成系の状態は,

$$\Psi = \psi \otimes \phi \in \mathcal{H}_1 \otimes \mathcal{H}_2$$

によって記述されます. なぜこれでよいのかということは, 次第に明らかにしていきます.

合成系の測定には,「アンサンブル 1 のサンプルだけ測定」というのも含まれています. アンサンブル 1 にオブザーバブル O_A があったとします. これはもともと $\mathcal{H}_1$ 上のエルミート作用素 A が対応していました. でも今は, オブザーバブルを $\mathcal{H}_1 \otimes \mathcal{H}_2$ 上のエルミート作用素に対応させなければなりません. そのために, 作用素をテンソルすることが必要です.

(定義) 作用素のテンソル積

A を $\mathcal{H}_1$ 上の線形作用素, B を $\mathcal{H}_2$ 上の線形作用素とするとき, $\mathcal{H}_1 \otimes \mathcal{H}_2$ 上の線形作用素 $A \otimes B$ を, 任意の $\alpha \in \mathcal{H}_1, \beta \in \mathcal{H}_2$ に対して

$$A \otimes B : \alpha \otimes \beta \longmapsto (A\alpha) \otimes (B\beta)$$

と作用する線形作用素として定義する.

エルミート作用素のテンソルを考えてみましょう.

エルミート作用素のテンソル積

A を $\mathcal{H}_1$ 上のエルミート作用素, B を $\mathcal{H}_2$ 上のエルミート作用素とするとき, $A \otimes B$ は $\mathcal{H}_1 \otimes \mathcal{H}_2$ 上のエルミート作用素となる.

(証明)

任意の $\alpha \otimes \beta,\ \alpha' \otimes \beta' \in \mathcal{H}_1 \otimes \mathcal{H}_2$ に対して

$$
\begin{aligned}
\langle \alpha \otimes \beta, (A \otimes B)(\alpha' \otimes \beta') \rangle_{\mathcal{H}_1 \otimes \mathcal{H}_2} &= \langle \alpha \otimes \beta, (A\alpha') \otimes (B\beta') \rangle_{\mathcal{H}_1 \otimes \mathcal{H}_2} \\
&= \langle \alpha, A\alpha' \rangle_{\mathcal{H}_1} \langle \beta, B\beta' \rangle_{\mathcal{H}_2} \\
&= \langle A\alpha, \alpha' \rangle_{\mathcal{H}_1} \langle B\beta, \beta' \rangle_{\mathcal{H}_2} \\
&= \langle (A\alpha) \otimes (B\beta), \alpha' \otimes \beta' \rangle_{\mathcal{H}_1 \otimes \mathcal{H}_2} \\
&= \langle (A \otimes B)(\alpha \otimes \beta), \alpha' \otimes \beta' \rangle_{\mathcal{H}_1 \otimes \mathcal{H}_2}
\end{aligned}
$$

なので, 線形性より一般の $\Psi, \Psi' \in \mathcal{H}_1 \otimes \mathcal{H}_2$ に対しても

$$
\langle \Psi, (A \otimes B)\Psi' \rangle_{\mathcal{H}_1 \otimes \mathcal{H}_2} = \langle (A \otimes B)\Psi, \Psi' \rangle_{\mathcal{H}_1 \otimes \mathcal{H}_2}
$$

が成り立ちます. (証明終)

作用素のテンソルを使うと, 系 1 のオブザーバブルとして O_A だったものは, 合成系のオブザーバブルとして $\mathcal{H}_1 \otimes \mathcal{H}_2$ 上のエルミート作用素 $A \otimes I_2$ に対応する $O_{A \otimes I_2}$ に置き換わります. ただし, I_2 は $\mathcal{H}_2$ 上の恒等作用素です. 状態が $\psi \otimes \phi$ のときに多数回測定すると,

$$
\begin{aligned}
m(O_{A \otimes I_2}) &= \frac{\langle \psi \otimes \phi, (A \otimes I_2)(\psi \otimes \phi) \rangle_{\mathcal{H}_1 \otimes \mathcal{H}_2}}{\|\psi \otimes \phi\|_{\mathcal{H}_1 \otimes \mathcal{H}_2}^2} \\
&= \frac{\langle \psi, A\psi \rangle_{\mathcal{H}_1} \langle \phi, I_2\phi \rangle_{\mathcal{H}_2}}{\|\psi\|_{\mathcal{H}_1}^2 \|\phi\|_{\mathcal{H}_2}^2} \\
&= \frac{\langle \psi, A\psi \rangle_{\mathcal{H}_1}}{\|\psi\|_{\mathcal{H}_1}^2}
\end{aligned}
$$

と, 単純に系 2 があることを無視して O_A の多数回測定をしたのと同じ結果になります. 同様に系 2 のオブザーバブル O_B は合成系のオブザーバブル $O_{I_1 \otimes B}$ に置き換わります.

純粋状態のテンソル積 $\psi \otimes \phi$ は, 合成系の基本的な状態です. こういう形の状態は, 合成系の「分離可能な純粋状態」といいます. ここで出てきた,「分離可能」

という概念はまた後ほど, 5.2 節で詳しく考えることにします. 分離可能な純粋状態をもとにして, 合成系の一般の状態はそれらの重ね合わせや混合として作られます.

分離可能な純粋状態

系 1 が純粋状態 ψ, 系 2 が純粋状態 ϕ にあるとき, 合成系の状態は分離可能な純粋状態 $\psi \otimes \phi$ にある.

■ 5.2 エンタングルした状態

合成系の分離可能な状態をみてみました. 単純に 2 つ独立にある物理系を 1 つの合成系とみなしたときの状態のことです. 合成系の状態はこれだけではないです. その他のものは, エンタングルした状態だといいます.

しばらくは純粋状態のみ考えます. すでに使っている言葉ですが, 分離可能な状態というのをはっきりさせておきます.

(定義) 分離可能な純粋状態

合成系の純粋状態のうち, $\psi \in \mathcal{H}_1$, $\phi \in \mathcal{H}_2$ を用いて

$$\Psi = \psi \otimes \phi$$

と書けるものを, 分離可能な純粋状態という.

そして,

(定義) エンタングルした純粋状態

合成系の純粋状態で, 分離可能ではないものを, エンタングルした純粋状態という.

です. 例えば, $e_1, e_2, \dots$ を $\mathcal{H}_1$ の正規直交基底, $f_1, f_2, \dots$ を $\mathcal{H}_2$ の正規直交基底として,

$$\Psi = e_1 \otimes f_1 + e_1 \otimes f_2$$

は, $\Psi = e_1 \otimes (f_1 + f_2)$ と 1 つの項の形に書けるので分離可能ですが,

$$\Psi' = e_1 \otimes f_1 + e_2 \otimes f_2$$

はどう頑張っても項を減らせなさそうです.

　実際 Ψ' はエンタングルした純粋状態なのですが, どうやってそのことを示しましょうか. 任意の純粋状態を, 決まった形にする, つまり標準化するアルゴリズムがあれば, それが分離可能なのか, それともエンタングルしているのか判定することができそうです. このことについて考えていきましょう.

　系 1 は n_1 次元, 系 2 は n_2 次元のそれぞれ複素ユークリッド・ベクトル空間で状態が記述されるとします. 合成系の純粋状態は, 正規直交基底のもとで

$$\Psi = \sum_{i=1}^{n_1} \sum_{j=1}^{n_2} \Psi_{ij} e_i \otimes f_j$$

と書けます. $\mathcal{H}_1$, $\mathcal{H}_2$ ともに正規直交基底のとり直しをしてみます. それぞれ U_{ik} を n_1 次のユニタリー行列, V_{il} を n_2 次のユニタリー行列の成分として,

$$e_i' = \sum_{k=1}^{n_1} U_{ki} e_k, \quad (i = 1, 2, \ldots, n_1)$$

$$f_j' = \sum_{l=1}^{n_2} V_{lj} f_l, \quad (j = 1, 2, \ldots, n_2)$$

が正規直交基底のとり直しを表します. 逆に解くと,

$$e_i = \sum_{i=1}^{n_1} \overline{U}_{ik} e_k', \quad (i = 1, 2, \ldots, n_1)$$

$$f_j = \sum_{l=1}^{n_2} \overline{V}_{jl} f_l', \quad (j = 1, 2, \ldots, n_2)$$

です. 新しい基底のもとでは,

$$\Psi = \sum_{i=1}^{n_1} \sum_{j=1}^{n_2} \Psi_{ij} \left(\sum_{k=1}^{n_1} \overline{U}_{ik} e_k' \right) \otimes \left(\sum_{l=1}^{n_2} \overline{V}_{jl} f_l' \right)$$

$$= \sum_{k=1}^{n_1} \sum_{l=1}^{n_2} \left(\sum_{i=1}^{n_1} \sum_{j=1}^{n_2} \overline{U}_{ik} \Psi_{ij} \overline{V}_{jl} \right) e_k' \otimes f_l'$$

なので, この基底での Ψ の成分は

$$\Psi_{kl}' = \sum_{i=1}^{n_1} \sum_{j=1}^{n_2} \overline{U}_{ik} \Psi_{ij} \overline{V}_{jl}$$

で, 行列で書くと,

$$\boldsymbol{\Psi}' = \boldsymbol{U}^\dagger \boldsymbol{\Psi} \overline{\boldsymbol{V}}$$

です.

Ψ の標準化は, 次の特異値分解によります.

> **特異値分解定理**
>
> n_1 行 n_2 列の複素行列 Ψ は, 適当な n_1 次のユニタリー行列 X と n_2 次のユニタリー行列 Y を用いると,
>
> $$\Psi = XDY^\dagger,$$
>
> $$(D)_{ij} = \begin{cases} d_j \geq 0, & (i = j) \\ 0, & (i \neq j) \end{cases}$$
>
> という形に分解できる. また, $d_1, d_2, \ldots$ の全体は順序をのぞけば分解によらない.

(証明)

$A := \Psi^\dagger \Psi$ は n_2 次のエルミート行列です. そこで, n_2 次元の縦ベクトル $\boldsymbol{f}_1, \ldots, \boldsymbol{f}_{n_2}$ で,

$$A\boldsymbol{f}_i = \lambda_i \boldsymbol{f}_i,$$
$$\boldsymbol{f}_i^\dagger \boldsymbol{f}_j = \delta_{ij}$$

となるものがとれます.

$$\lambda_i = \boldsymbol{f}_i^\dagger A\boldsymbol{f}_i = (\Psi \boldsymbol{f}_i)^\dagger \Psi \boldsymbol{f}_i$$

より $\lambda_i \geq 0$ です. そこで, その中の r 個がゼロでないとして, $\lambda_1 \geq \lambda_2 \geq \cdots \geq \lambda_r > 0$ となるように $\boldsymbol{f}_i$ をとっておきます. ここで

$$\boldsymbol{e}_i := \frac{1}{\sqrt{\lambda_i}} \Psi \boldsymbol{f}_i, \quad (i = 1, 2, \ldots, r)$$

とすると,

$$\boldsymbol{e}_i^\dagger \boldsymbol{e}_j = \delta_{ij}, \quad (i, j = 1, 2, \ldots, r)$$

となっています. A は, その作り方から階数が n_1 以下なので, r も n_1 以下です. これから, 必要なら適当な $\boldsymbol{e}_{r+1}, \ldots, \boldsymbol{e}_{n_1}$ を付け加えて

$$\boldsymbol{e}_i^\dagger \boldsymbol{e}_j = \delta_{ij}, \quad (i, j = 1, 2, \ldots, n_1)$$

とできます. 今,

$$\Psi \boldsymbol{f}_i = \sqrt{\lambda_i} \boldsymbol{e}_i, \quad (i = 1, 2, \ldots, n_2)$$
$$\Psi^\dagger \boldsymbol{e}_i = \sqrt{\lambda_i} \boldsymbol{f}_i, \quad (i = 1, 2, \ldots, n_1)$$

となっています. 縦ベクトルを並べて,

$$X = (e_1, e_2, \ldots, e_{n_1}),$$
$$Y = (f_1, f_2, \ldots, f_{n_2})$$

のように正方行列を作ると, X は n_1 次ユニタリー行列, Y は n_2 次ユニタリー行列になります. すると,

$$\Psi(f_1, f_2, \ldots, f_{n_2}) = (\sqrt{\lambda_1}e_1, \sqrt{\lambda_2}e_2, \ldots, \sqrt{\lambda_r}e_r, 0, \ldots, 0)$$
$$= (e_1, e_2, \ldots, e_{n_2})D,$$

$$D = \begin{pmatrix} \begin{array}{ccc|c} \sqrt{\lambda_1} & & O & \\ & \ddots & & O \\ O & & \sqrt{\lambda_r} & \\ \hline & O & & O \end{array} \end{pmatrix}$$

となります. これから,

$$\Psi = XDY^{\dagger}$$

が求める分解になっています. また, D のゼロでない成分は, λ_i が A の固有値であることから, もちろん分解によりません. (証明終)

この特異値分解定理から, ただちに次がいえます.

合成系の純粋状態のシュミット分解

　合成系の規格化された純粋状態 $\Psi \in \mathcal{H}_1 \otimes \mathcal{H}_2$ は, $\mathcal{H}_1$ と $\mathcal{H}_2$ の正規直交基底を適当にとると,

$$\Psi = d_1 e_1 \otimes f_1 + d_2 e_2 \otimes f_2 + \cdots + d_r e_r \otimes f_r, \quad (d_1 \geq d_2 \geq \cdots \geq d_r > 0)$$

という形に一意的に分解することができる.

(証明)

　$\mathcal{H}_1$ の正規直交基底 $e_1, \ldots, e_{n_1}$, $\mathcal{H}_2$ の正規直交基底 $f_1, \ldots, f_{n_2}$ をとり, $\Psi = \sum_{i,j} \Psi_{ij} e_i \otimes f_j$ としたとき, Ψ_{ij} の作る行列を Ψ とします. 特異値分解が

$$\Psi = XDY^{\dagger}$$

だったとします. ただし $d_i = (D)_{ii}$ は, $d_1 \geq d_2 \geq \cdots$ となるようにしておきましょう. $U = X$, $V = \overline{Y}$ として正規直交基底を

$$e_i' = \sum_{k=1}^{n_1} U_{ki} e_k, \quad (i = 1, 2, \ldots, n_1)$$

$$f_i' = \sum_{l=1}^{n_2} V_{lj} f_l, \quad (j = 1, 2, \ldots, n_2)$$

ととり直します. 新しい基底での成分を $\Psi = \sum_{i,j} \Psi_{ij}' e_i' \otimes f_j'$ とすると, 行列では

$$\boldsymbol{\Psi}' = \boldsymbol{U}^\dagger \boldsymbol{\Psi} \overline{\boldsymbol{V}} = \boldsymbol{X}^\dagger \boldsymbol{X} \boldsymbol{D} \boldsymbol{Y}^\dagger \boldsymbol{Y} = \boldsymbol{D}$$

となります. すると,

$$\Psi = d_1 e_1' \otimes f_1' + \cdots + d_r e_r' \otimes f_r', \quad (d_1 \geq d_2 \geq \cdots \geq d_r > 0)$$

となっています. この分解が一意的なことは, $\boldsymbol{A} = \boldsymbol{\Psi}^\dagger \boldsymbol{\Psi}$ の固有値が, 最初にとった正規直交基底のとり方によらないことに注意すればわかります. (証明終)

この形が合成系の純粋状態の標準形をあたえていて, シュミット分解といいます. シュミット分解は一意的なので, 合成系の状態が分離可能なのかエンタングルしているのかの判定に使えます. つまり, シュミット分解が 1 項で終われば分離可能ですし, 2 項以上あればエンタングルしていることになります. このことは, $\boldsymbol{A} = \boldsymbol{\Psi}^\dagger \boldsymbol{\Psi}$ が固有値 1 をもつかどうかを判定するのと同じことです.

■ 5.3 部分系の状態

系 1 と系 2 の合成系のエンタングルした純粋状態は一般に, $r \geq 2$ として

$$\Psi = \sum_{i=1}^{r} d_i e_i \otimes f_i$$

というシュミット分解の形で書けます. 規格化されていて,

$$\|\Psi\|_{\mathcal{H}_1 \otimes \mathcal{H}_2}^2 = \sum_{i=1}^{r} (d_i)^2 = 1$$

としておきましょう. このようなときに部分系, 例えば系 1 だけをみることにすると, どうみえるのかを考えていきます.

系 1 のオブザーバブル O_A があって, $\mathcal{H}_1$ 上のエルミート作用素 A に対応しているとします. 合成系のオブザーバブルとしては, $O_{A \otimes I_2}$ です. これの多数回測定の測定値の平均値は,

$$m\left(O_{A\otimes I_2}\right) = \langle \Psi, (A\otimes I_2)\Psi\rangle_{\mathcal{H}_1\otimes\mathcal{H}_2}$$

$$= \left\langle \sum_{i=1}^{r} d_i e_i \otimes f_i, \sum_{j=1}^{r} d_j A e_j \otimes f_j \right\rangle_{\mathcal{H}_1\otimes\mathcal{H}_2}$$

$$= \sum_{i=1}^{r} (d_i)^2 \langle e_i, A e_i\rangle_{\mathcal{H}_1}$$

です. これは, 純粋状態におけるオブザーバブルの平均値の形ではないです. 系 1 は混合状態にあります. 全体が純粋状態にあっても, 部分系は混合状態にみえます. どんな状態かというと, 系 1 の純粋状態 $W_{e_1},\dots,W_{e_r}$ を $(d_1)^2 : \cdots : (d_r)^2$ の割合で混合したもので, 密度作用素では

$$W_1 = \sum_{i=1}^{r} (d_i)^2 W_{e_i}$$

と表されます.

これは何をしたことになっているかというと, 簡約密度作用素というものを求めたことになっています. 一般には次のように定義されています.

(定義) 簡約密度作用素

合成系の状態が $\mathcal{H}_1 \otimes \mathcal{H}_2$ 上の密度作用素 W にあるとする. 部分系の任意のオブザーバブル $O_{A\otimes I_2}$ に対して

$$m(O_{A\otimes I_2}; W) = \mathrm{Tr}\,(W_1 A)$$

となる $\mathcal{H}_1$ 上の密度作用素 W_1 を部分系の簡約密度作用素という. ただし, $m(O_{A\otimes I_2}; W)$ は状態 W における $O_{A\otimes I_2}$ の平均値 $\mathrm{Tr}\,(W(A\otimes I_2))$ のこと.

簡約密度作用素の具体的な求め方です. $\mathcal{H}_1 \otimes \mathcal{H}_2$ 上の密度作用素 W は,

$$W = \sum_{i,k=1}^{n_1} \sum_{j,l=1}^{n_2} W_{ij,kl}(e_i \otimes f_j)(e_k^* \otimes f_l^*)$$

と書けます. (i,j) や (k,l) などの添字のペアが, $n_1 n_2$ 個の正規直交基底の番号付けをしているので, こんな形です. これの部分トレースをとります.

(定義) 部分トレース

$\mathcal{H}_1 \otimes \mathcal{H}_2$ 上の線形作用素

$$A = \sum_i (\alpha_i \otimes \beta_i)(\gamma_i^* \otimes \delta_i^*)$$

の部分トレースとは,

$$\text{Tr}_2(A) = \sum_i \langle \delta_i, \beta_i \rangle_{\mathcal{H}_2} \alpha_i \otimes \gamma_i^*$$

によって $\mathcal{H}_1$ 上の線形作用素を作る操作のこと.

上の定義で, Tr に添字 2 がついているのは, $\mathcal{H}_2$ についてトレースをとったという意味です. 同様に Tr_1 という操作も定義できます.

今の場合,

$$W_1 = \text{Tr}_2(W) = \sum_{i,k=1}^{n_1} \sum_{j,l=1}^{n_2} \langle f_l, f_j \rangle_{\mathcal{H}_2} W_{ij,kl} e_i e_k^* = \sum_{i,k=1}^{n_1} \sum_{j=1}^{n_2} W_{ij,kj} e_i e_k^*$$

なので, 密度行列の成分では,

$$(W_1)_{ik} = \sum_{j=1}^{n_2} W_{ij,kj}$$

です.「部分トレースをとった」という意味がわかると思います.

今までの議論から, 次はすぐにわかります.

部分系の状態

合成系の状態が密度作用素 W で表されるとき, 部分系 1 の状態は簡約密度作用素

$$W_1 = \text{Tr}_2(W)$$

で表される. 合成系がエンタングルした純粋状態のとき, 部分系は混合状態になる.

(証明)

合成系がエンタングルした純粋状態だとすると, 状態はシュミット分解された単位ベクトル

$$\psi = d_1 e_1 \otimes f_1 + \cdots + d_r e_r \otimes f_r, \quad (r \geq 2)$$

で表されます. 部分系 1 の状態は

$$W_1 = (d_1)^2 W_{e_1} + \cdots + (d_r)^2 W_{e_r}$$

となりますが, 純粋状態の凸結合なので, 混合状態を表しています. (証明終)

6

混合状態

　混合アンサンブルの状態は密度作用素で表されますが，どの純粋アンサンブルをどの割合で混合して作った状態なのかは，密度作用素だけみても一般には特定できません (図 6.1). 特定はできませんが，混合方法の可能性は絞ることができます．ここでは，その可能性についてすべてを見渡すことができるという話をまずします．それから，密度作用素の混合度の指標となるエントロピーを導入します．

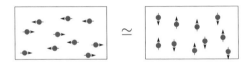

図 6.1　スピン右向き，左向きを 1:1 で混合したアンサンブルと，スピン上向き，下向きを 1:1 で混合したアンサンブルは，同一の混合状態をあたえ，どちらも密度行列は，$\boldsymbol{W} = \mathrm{diag}(1/2, 1/2)$ となる．

■ 6.1　アンサンブル定理

　n 次元複素ユークリッド・ベクトル空間 $\mathcal{H}$ 上の密度作用素 W があったとしましょう．この密度作用素が表す状態を再現するアンサンブルを作るにはどうしたらよいでしょうか．

　1 つ簡単に作れるものがあります．W のスペクトル分解を

$$W = \sum_{i=1}^{r} w_i P_i,$$

$$P_i := e_i e_i^*$$

としましょう．ただし $e_1, \ldots, e_r$ は互いに直交する単位ベクトルたちで，$r < n$ なら，これに $e_{r+1}, \ldots, e_n$ を加えて正規直交基底をなすようにしておきます．1 次元

部分空間への射影作用素 P_i は e_i で表される純粋状態の密度作用素でもあるので, r 個の純粋状態 $e_1, \ldots, e_r$ を $w_1 : \cdots : w_r$ で混合すれば, 状態 W を再現できます.

純粋状態 e_i を w_i の割合で混合することを, ベクトル

$$\psi_i := \sqrt{w_i} e_i$$

で表すことにしましょう. すると, 上のアンサンブルはベクトルの組 $\mathcal{E}_0 = (\psi_1, \ldots, \psi_r)$ として表すことができます.

> **(定義) アンサンブルを表すベクトルの組**
>
> $\sum_{a=1}^{s} \|\phi_a\|^2 = 1$ をみたす s 個のベクトルの組 $\mathcal{E} = (\phi_1, \ldots, \phi_s)$ がアンサンブルに対応するというとき, $\mathcal{E}$ は $\phi_a \neq 0$ となる a に対して, 純粋状態 ϕ_a を割合 $\|\phi_a\|^2$ で混合して作るアンサンブルを表す.

今アンサンブルといったとき, どの状態をどう混合したかという情報をこめています. ですから, 異なるアンサンブルが同じ混合状態を表していることがあることに注意してください. $\mathcal{E}$ にはいくつかのゼロベクトルが含まれてもよいことにしています. また, $\mathcal{E}$ のゼロでないベクトルは 1 次独立でなくてもよいですが, どの 2 つのベクトルも平行ではないとしておきます.

さきほどの $\mathcal{E}_0 = (\psi_1, \ldots, \psi_r)$ と同じ状態を作るアンサンブル $\mathcal{E} = (\phi_1, \ldots, \phi_s)$ を考えます. $\mathcal{E} = (\phi_1, \ldots, \phi_s)$ に対応する密度作用素は,

$$W = \sum_{a=1}^{s} \phi_a \phi_a^*$$

です. この形から, $\operatorname{rank} W$ は s 以下だとわかります. $\operatorname{rank} W$ は W の階数で, W の像の次元のことです. したがって, $s \geq r$ でなくてはなりません.

補助的な s 次元複素ユークリッド・ベクトル空間 $\mathcal{K}$ と, $\mathcal{K}$ の正規直交基底 $f_1, \ldots, f_s$ を準備します. そして, 合成系 $\mathcal{H} \otimes \mathcal{K}$ の純粋状態

$$\Psi = \sum_{a=1}^{s} \phi_a \otimes f_a$$

を考えます. 対応する密度作用素 $\Psi\Psi^*$ の $\mathcal{K}$ に関する部分トレースをとると,

$$\operatorname{Tr}_{\mathcal{K}} \left(\Psi\Psi^* \right) = \sum_{a=1}^{s} \phi_a \phi_a^* = W$$

となります. このように, 一般に $\mathcal{H}$ の混合状態はある合成系 $\mathcal{H} \otimes \mathcal{K}$ の純粋状態の部分系の状態として実現できます. 純粋状態 Ψ を W の純粋化といいます.

　純粋状態 $\varPsi$ のシュミット分解は,

$$\varPsi = \sum_{i=1}^{r} \sqrt{w_i} e_i \otimes g_i = \sum_{i=1}^{r} \psi_i \otimes g_i$$

という形になるはずです. ただし $g_1, \ldots, g_r$ は互いに直交する $\mathcal{K}$ の単位ベクトルです. これに $g_{r+1}, \ldots, g_s$ を加えて, $g_1, \ldots, g_s$ が $\mathcal{K}$ の正規直交基底をなすようにしておきます. なぜシュミット分解がこうなるはずなのかというと, $\mathrm{Tr}_{\mathcal{K}} (\varPsi\varPsi^*) = W$ となっていなくてはならないからです.

　$\mathcal{K}$ の 2 組の正規直交基底 $\{f_1, \ldots, f_s\}$ と $\{g_1, \ldots, g_s\}$ はユニタリー変換

$$g_b = \sum_{a=1}^{s} \langle f_a, g_b \rangle f_a, \quad (b = 1, \ldots, s)$$

で結び付いています. すると,

$$\varPsi = \sum_{i=1}^{r} \psi_i \otimes g_i = \sum_{b=1}^{s} \psi_b \otimes g_b = \sum_{a,b=1}^{s} \langle f_a, g_b \rangle \psi_b \otimes f_a$$

となります. ただし, $r < s$ のときは $\psi_{r+1}, \ldots, \psi_s := 0$ としました. これから,

$$0 = \sum_{a=1}^{s} \phi_a \otimes f_a - \sum_{i=1}^{r} \psi_i \otimes g_i$$
$$= \sum_{a=1}^{s} \left(\phi_a - \sum_{b=1}^{s} \langle f_a, g_b \rangle \psi_b \right) \otimes f_a$$

となります. $U_{ab} = \langle f_a, g_b \rangle$ とすると, これは s 次のユニタリー行列の成分になっていて,

$$\phi_a = \sum_{b=1}^{s} U_{ab} \psi_b = \sum_{j=1}^{r} U_{aj} \psi_j$$

という形に書けることがわかりました.

　逆にこの形のベクトルの組 $\mathcal{E} = (\phi_1, \ldots, \phi_s)$ は,

$$\sum_{a=1}^{s} \phi_a \phi_a^* = \sum_{a=1}^{s} \sum_{j,k=1}^{r} U_{aj} \overline{U}_{ak} \psi_j \psi_k^* = \sum_{j=1}^{r} \psi_j \psi_j^*$$

より, あたえられた密度作用素 W に対応するアンサンブルになっています.

アンサンブル定理

　階数 r の密度作用素 W は互いに直交する r 個のベクトルからなるアンサンブル $\mathcal{E}_0 = (\psi_1, \ldots, \psi_r)$ に対応するとする. W に対応するアンサンブルは $s(\geq r)$ 次のユニタリー行列 U を用いて

$$\phi_a = \sum_{j=1}^{r} U_{aj}\psi_j, \quad (a = 1, \ldots, s)$$

と表される s 個のベクトルの組 $\mathcal{E} = (\phi_1, \ldots, \phi_s)$ として書ける.

このように，あたえられた混合状態を実現するアンサンブルは無数に考えられるわけですが，そのすべてを見渡すことができるというわけです.

■ 6.2 エントロピー

系のアンサンブルはいくつかの純粋アンサンブルを混合したものです. 状態の混合の度合いの 1 つの指標として，エントロピーがあります. 状態のエントロピーとは何でしょうか.

系の状態は n 次元複素ユークリッド・ベクトル空間 $\mathcal{H}$ 上の密度作用素 W によって表されます. 適当な正規直交基底をとると，密度行列は

$$\boldsymbol{W} = \mathrm{diag}(w_1, w_2, \ldots, w_n),$$

$$w_i \geq 0, \quad (i = 1, 2, \ldots, n)$$

$$w_1 + w_2 + \cdots + w_n = 1$$

という対角線行列になります. 対角線要素は，確率ベクトルになっています.

(定義) 確率ベクトル

和が 1 となる n 個の非負の数の組を n 次元確率ベクトルという. n 次元確率ベクトル全体のなす集合を

$$\mathsf{Stoch}_n = \left\{ {}^t(w_1, \ldots, w_n) \in \mathbb{R}^n \,\middle|\, w_1, \ldots, w_n \geq 0, \sum_{i=1}^{n} w_i = 1 \right\}$$

と表す.

密度作用素から一旦はなれて，確率ベクトル一般のことを考えてみます. n 次元確率ベクトルは，素直に考えると，n 面のサイコロを振ったときに，それぞれの目が出る確率を表しています. もちろんサイコロのある目は出やすいかもしれないし，全く出ない目もあるかもしれません.

もし 1 しか出ないサイコロがあったらどうでしょう. このサイコロを振る意味はありませんね. もう少しいうと，振ったら 1 が出るんですが，それをみても誰も驚かないでしょう.

サイコロを振った結果をみて, 驚くとしたら出る確率の低いものが出たときです. その驚き具合を定量化したものが, 情報量です.

> **(定義) 情報量**
>
> 確率 p でおこる事柄が, 実際におこったことを知ったときに受け取る情報の価値の尺度を自然対数を用いて
>
> $$I(p) = \log \frac{1}{p}$$
>
> によって定義し, 情報量とよぶ.

真夏に雪が降ったなどの, おこりにくいことがおこったというニュースほどニュースの価値が高いといっているだけです. p が小さいほど $I(p)$ が大きければよいのですが, 対数関数にしているのは, それぞれ, p, q の確率でおこる独立な事柄がどちらもおこったことを知ったときに受け取る情報量が, それぞれの情報量の和になるようにするためです. つまり,

$$I(pq) = I(p) + I(q)$$

が成り立つようにしています.

サイコロを振る前に, つまりまだどの目が出るのかわからないとき, サイコロを振ることによってどれだけの情報量がえられるでしょうか. それをはかるのが平均情報量です.

> **(定義) 平均情報量**
>
> 確率ベクトル $w = {}^t(w_1, \ldots, w_n)$ で表されるサイコロを振ったときに受け取る情報量の平均値
>
> $$H(w) = \sum_i w_i \log \frac{1}{w_i}$$
>
> を確率ベクトル w の平均情報量, ないしシャノン・エントロピーという. ただし, 和は $w_i \neq 0$ となる i についてのみ行う.

サイコロを振ったとき, 受け取る情報量が最も多いと期待できるのはどんなときでしょうか. 直感的には, 振る前には出る目が全く予想できない場合, 出る目が均等な「完全サイコロ」の場合です.

最大エントロピー

確率ベクトル $\boldsymbol{w}$ の平均情報量に関して,

$$H(\boldsymbol{w}) \leq \log n$$

が成り立つ. 等号が成立するのは

$$\boldsymbol{w} = {}^t\left(\frac{1}{n}, \frac{1}{n}, \ldots, \frac{1}{n}\right)$$

のときで, またそのときに限って成立する.

(証明)

$x_1, x_2, \ldots, x_n$ を非負の数とします.

$$f(x) = \begin{cases} 0, & (x = 0) \\ x \log \dfrac{1}{x}, & (x > 0) \end{cases}$$

とすると, $f(x)$ は強い意味で上に凸な関数です (図 6.2). つまり, 任意の $x, y \geq 0$ と任意の $0 \leq p \leq 1$ に対して

$$pf(x) + (1-p)f(y) \leq f(px + (1-p)y)$$

が成り立ち, 等号は $x = y$ のときにのみ成り立ちます.

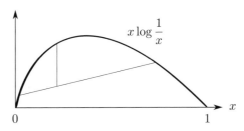

図 **6.2** $f(x) = x \log(1/x)$ は上に凸な関数.

すると,

$$\frac{1}{2}f(x_1) + \frac{1}{2}f(x_2) \leq f\left(\frac{x_1 + x_2}{2}\right)$$

です. これから,

$$\frac{1}{3}f(x_1) + \frac{1}{3}f(x_2) + \frac{1}{3}f(x_3) \leq \frac{2}{3}f\left(\frac{x_1 + x_2}{2}\right) + \frac{1}{3}f(x_3) \leq f\left(\frac{x_1 + x_2 + x_3}{3}\right)$$

です. 同様に続けていくと,

$$\frac{1}{n}f(x_1) + \frac{1}{n}f(x_2) + \cdots + \frac{1}{n}f(x_n) \leq f\left(\frac{x_1 + x_2 + \cdots + x_n}{n}\right)$$

が示せます. $\boldsymbol{w} = {}^t(w_1, \ldots, w_n) \in \mathrm{Stoch}_n$ として, $x_1 = w_1, \ldots, x_n = w_n$ の場合を考えると,

$$H(\boldsymbol{w}) = \sum_{i=1}^{n} f(w_i) \le nf\left(\frac{w_1 + w_2 + \cdots + w_n}{n}\right) = \log n$$

です. 等号成立は, $w_1 = w_2 = \cdots = w_n = 1/n$ のときのみです. (証明終)

n 面のサイコロの状態数はもちろん n です. 平均情報量が最大になるのは, ランダムなサイコロの場合で, $\log$(状態数) です. これには見覚えがあります. ボルツマン・エントロピーのことです.

平均情報量は非負の項の和なので非負ですが, 最小値ゼロをとることができます. w_i のうち 1 つだけ 1 でその他がゼロになる場合で, n 通りあります. あらかじめ出る目が確定しているサイコロの場合です.

量子力学の場合に戻ります. 確率ベクトルがあれば, 平均情報量が定義できるので, 次のようなものを考えるのは自然です.

(定義) フォン・ノイマン・エントロピー

n 次元複素ユークリッド・ベクトル空間上の密度作用素 W に対して,

$$S(W) := \mathrm{Tr}\,(f(W)),$$

$$f(x) = \begin{cases} 0, & (x = 0) \\ x \log \dfrac{1}{x}, & (x > 0) \end{cases}$$

を状態 W のフォン・ノイマン・エントロピーという. フォン・ノイマン・エントロピーは, 固有値のなす確率ベクトル $\boldsymbol{w} \in \mathrm{Stoch}_n$ の平均情報量 $H(\boldsymbol{w})$ に一致する.

フォン・ノイマン・エントロピーは, 純粋状態 W_ψ に対して $S(W_\psi) = 0$ で, それ以外の場合には $S(W) > 0$ なので, 単純には状態の「混合度」の尺度になっていると考えられます. $W = (1/n)I$ という状態のとき, フォン・ノイマン・エントロピーは最大値 $S(I) = \log n$ をとるので, この状態は最大限に混合しているといえます. P を任意の 1 次元部分空間への射影としたとき, 対応するオブザーバブルの平均値は, この状態に関しては $m(O_P) = \mathrm{Tr}\,((1/n)P) = 1/n$ となっています. 出る目が均等な, n 面の「完全サイコロ」に似ています.

7

スピン

　地球の上に住んでいたら，地面のあるほうが特別な方向にみえますが，重力の働かない宇宙空間にいるとしたら，どこか特別な方向というのはないです．宇宙空間にただよう実験室があって，何かの実験をするとしましょう．実験結果がえられたら，実験室全体を回転して，もう1度同じ実験をします．すると，また同じ実験結果がえられるでしょう．

　このことは，空間回転に対して自然法則が不変だと言い表せます．自然法則が回転対称性をもつ，ともいえます．自然法則というと漠然としていますが，世の中を構成する基本粒子たちが，どう相互作用するか，という規則のことです．

　電子などの基本粒子は「スピン」とよばれる自由度をもっていますが，そもそもなぜスピンをもつのかといえば，自然法則が回転対称性をもっているからです．その仕組みをみていきましょう．

■ 7.1 回転群

　空間回転は，3次元空間の原点を中心として，世界全体を回すことだと考えてもよいですが，座標系を回転することだと考えてもよいです．

　(x^1, x^2, x^3) を，$\mathbb{R}^3$ のデカルト座標系とします．座標系を回転すると別のデカルト座標系 (x'^1, x'^2, x'^3) になります．これは，座標変換

$$x'^i = \sum_{j=1}^{3} R^i{}_j x^j, \quad (i = 1, 2, 3)$$

のことです．$R^i{}_j$ は行列式が1の3次の直交行列 $\boldsymbol{R}$ の (i, j) 成分です．

　行列式が1の直交行列が回転に対応するので，回転全体のなす集合は

$$SO_3 = \left\{ \boldsymbol{R} \in M_3(\mathbb{R}) \middle|{}^t\boldsymbol{R}\boldsymbol{R} = \boldsymbol{I}, \det \boldsymbol{R} = 1 \right\}$$

ですが, これは3次特殊直交群, もっとよびやすい言い方だと, 回転群とよばれる
「群」です.

　群というのは, 代数的な構造, つまりある一定の規則をもつ演算を備えた集合で
す. 集合 G が演算を備えているとは, $g_1, g_2 \in G$ に対して積 $g_1 g_2 \in G$ が決めら
れているということです. つまり, 演算とは写像 $G \times G \to G$ のことです. もし,
その演算が $(g_1 g_2)g_3 = g_1(g_2 g_3)$ という結合法則をみたすものなら, G は半群だ
といいます.

(定義) 半群

　　集合 G が結合法則をみたす演算 $G \times G \to G$ をもつとき, G は半群だという.

　半群 G のある元 e があって, すべての $g \in G$ に対して $eg = ge = g$ が成り立つ
とき, e を単位元, 単位元をもつ半群をモノイドといいます.

(定義) モノイド

　　単位元をもつ半群 G をモノイドという.

　モノイド G の元 g に対して, $gg' = g'g = e$ となる元 g' が存在するとき, g' の
ことを g^{-1} と書き, g の逆元といいます. モノイド G のすべての元が逆元をもつ
とき, G は群だといいます. SO_3 は, 行列の積を演算とすると, たしかに群になっ
ています.

(定義) 群

　　モノイド G のすべての元が逆元をもつとき, G は群であるという.

　SO_3 は行列の集合で, 連続なパラメータで元が指定できます. SO_3 の場合, 3次
の正方行列なので9個の連続パラメータをもっているようにみえますが, ${}^t\boldsymbol{RR} = \boldsymbol{I}$
が独立な6個の関係式をあたえるので, SO_3 の元を指定するのに必要なパラメー
タは実質3個です. 例えば, パラメータとしてはオイラー角という標準的なもの
がとれます. このように, 連続パラメータ, つまり座標をもつ群をリー群といいま
す. SO_3 は3つの座標値でその元が指定できるので, 3次元リー群です.

　SO_3 の1点は直交行列ですが, 行列というより, それの表す回転操作のことだ
と思ってください. 回転操作という抽象的なものを表現するために, それを直交
行列として具体的, 客観的にあたえているだけです. SO_3 に備わっている積も, 直

交行列どうしの積というより, 続けて行う 2 つの回転操作の合成だと思いたいわけです. 回転群は, 回転操作全体のなす, 合成に関する代数を表しているんだ, ということです.

3 次の直交行列は, $\mathbb{R}^3$ のベクトル, つまり 3 次元の実ベクトルの回転を表しています. 3 次元でなくても, 「回転する」ベクトルを考えることができます. また, それは複素ベクトルであってもよいです. そのようなベクトルは空想上のものなので, もちろんみることはできません. それでも自然界には実際にそういうベクトルがあります. スピンもその 1 つです. どんなものなのか, みてみましょう.

■ 7.2 リー環

SO_3 は 3 次元空間で, その 1 点 $\boldsymbol{R}$ が行列です. 群なので, 単位行列 $\boldsymbol{I}$ という特別な点ももっています. 点 $\boldsymbol{I}$ の無限小近傍の様子をみてみましょう. ϵ を無限小パラメータとして, $\boldsymbol{I} + \epsilon\boldsymbol{X} \in SO_3$ としてみましょう. ϵ を無限小というのは, ϵ^2 をゼロとみなすという意味です. すると,

$$^t(\boldsymbol{I} + \epsilon\boldsymbol{X})(\boldsymbol{I} + \epsilon\boldsymbol{X}) = \boldsymbol{I} + \epsilon(^t\boldsymbol{X} + \boldsymbol{X}) + \cdots$$

が単位行列になることから, $\boldsymbol{X}$ は交代行列でないといけませんし, 逆に $\boldsymbol{X}$ が交代行列なら, $\boldsymbol{I} + \epsilon\boldsymbol{X}$ は ϵ の 1 次の精度で SO_3 の元となっています. この, いってみれば SO_3 の 1 次近似全体のなす集合

$$so_3 = \left\{ \boldsymbol{X} \in M_3(\mathbb{R}) \,\middle|\, {}^t\boldsymbol{X} = -\boldsymbol{X} \right\}$$

を SO_3 のリー環といいます. これは, 3 次元実ベクトル空間になっています.

3 次の実正方行列全体のなす集合 $M_3(\mathbb{R})$ を頭の中で想像してください. これは 9 次元空間です. その中に, 単位行列 $\boldsymbol{I}$ を通過する SO_3 という 3 次元曲面があります. $\boldsymbol{X} \in so_3$ として $\boldsymbol{I} + \boldsymbol{X}$ と書ける点全体のなす集合は, 点 $\boldsymbol{I}$ を通過する 3 次元平面で, 点 $\boldsymbol{I}$ で SO_3 という 3 次元曲面に接しています (図 7.1). 上で構成したことを幾何学的にいえば, そういう関係になっています. これはあなたのよく知っている行列の空間の中の話で, 何も神秘的なことはないです. この意味で, リー環 so_3 は, リー群 SO_3 の単位元 $\boldsymbol{I}$ での「接ベクトル空間」だと解釈できます.

$\boldsymbol{I} + t\boldsymbol{X}$ は, SO_3 の 1 次近似ですが, より高次の近似はどうなっているでしょうか. 実は, 行列の指数関数

$$\exp(t\boldsymbol{X}) = \boldsymbol{I} + t\boldsymbol{X} + \frac{t^2}{2}\boldsymbol{X}^2 + \frac{t^3}{6}\boldsymbol{X}^3 + \cdots$$

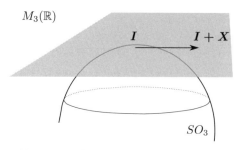

図 7.1　リー環 so_3 はリー群 SO_3 に単位元 I で接する 3 次元平面をなす.

が任意次数での近似を表しています. つまり, $t \in \mathbb{R}$ に対して $\exp(t\boldsymbol{X})$ は SO_3 の元になっています. これは, N を大きい自然数だと思って無限小変換 $\boldsymbol{I} + (t/N)\boldsymbol{X}$ を N 回合成し, N が大きい極限

$$\lim_{N \to \infty} \left(\boldsymbol{I} + \frac{t}{N} \boldsymbol{X} \right)^N = \exp(t\boldsymbol{X})$$

をとったことになっています.

　実際,

$${}^t\exp(t\boldsymbol{X}) = \exp(t\,{}^t\boldsymbol{X}) = \exp(-t\boldsymbol{X}) = [\exp(t\boldsymbol{X})]^{-1}$$

より, $\exp(t\boldsymbol{X})$ は直交行列です. 直交行列の行列式は ± 1 ですが, $\det \exp(t\boldsymbol{X})$ は t について連続なので $t = 0$ のときの値 1 しかとりません. $\exp(t\boldsymbol{X}) \in SO_3$ が直接確かめられました.

　点 $\boldsymbol{R} \in SO_3$ に対して,

$$\left\{ \boldsymbol{R}(\boldsymbol{I} + \boldsymbol{X}) \in M_3(\mathbb{R}) \,\middle|\, \boldsymbol{X} \in so_3 \right\}$$

は点 $\boldsymbol{R}$ で SO_3 に接する 3 次元平面です. 先ほどは $\boldsymbol{I}$ での接ベクトル空間を考えていましたが, このように SO_3 の各点に接ベクトル空間があります. この接ベクトル空間は, 始点を $\boldsymbol{R}$, 終点を $\boldsymbol{R}(\boldsymbol{I} + \boldsymbol{X}) = \boldsymbol{R} + \boldsymbol{R}\boldsymbol{X}$ とするベクトルの集合です. なので, 点 $\boldsymbol{R}$ に SO_3 に接するベクトル $\boldsymbol{R}\boldsymbol{X}$ があると思えます.

　$\boldsymbol{X} \in so_3$ を 1 つ固定して, SO_3 の各点 $\boldsymbol{R}$ にベクトル $\boldsymbol{R}\boldsymbol{X}$ が置かれている状況を考えると, これは SO_3 の 1 つのベクトル場といえます. このように, リー環 so_3 は, リー群 SO_3 上の, 今いった形のベクトル場の集合だとも解釈できます.

　$\boldsymbol{X} \in so_3$ を 1 つ決めると, ベクトル場 $\boldsymbol{R}\boldsymbol{X}$ が決まったわけですが, ベクトル場は, SO_3 の上に水の流れのようなものを作ります. それは, $\boldsymbol{R}_t = \boldsymbol{R}\exp(t\boldsymbol{X})$ と表せます. SO_3 の各点 $\boldsymbol{R}$ が, 時刻 t のあとには $\boldsymbol{R}e^{t\boldsymbol{X}} \in SO_3$ にいる, という

「流れ」です. 言い換えれば, パラメータ t による SO_3 の連続変形です. この流れがベクトル場 RX に接しているのは,

$$\frac{d}{dt} R_t \bigg|_{t=0} = RX$$

だからです.

SO_3 上の別のベクトル場 RY を考えます. SO_3 の連続変形によって, このベクトル場も変形します. その変形の度合いを考えてみましょう. ベクトル場 RY は, 点 R では始点が R, 終点が $R + RY$ にあります. ベクトル場 RX の生成する流れに沿って, 時刻 t だけ変形すると, 始点は Re^{tX}, 終点は $R(I + Y)e^{tX}$ に移動します. これを, もとのベクトル場 RY と比較したいのですが, 始点がずれてしまいました. 異なる点の接ベクトル空間は, 異なるベクトル空間なので, 始点の異なる 2 つのベクトルは比較ができません. ただ, R は一般にしてあるので, 上の R を Re^{-tX} に置き換えると, 始点が R のときは, 終点は

$$Re^{-tX}(I + Y)e^{tX} = R + Re^{-tX}Ye^{tX}$$

になっていることがわかります. つまり, ベクトル場 $Re^{-tX}Ye^{tX}$ が RY の変形です (図 7.2). t を無限小として, もとのベクトル場との差をとると,

$$RY - Re^{-tX}Ye^{tX} = RY - R(I - tX)Y(I + tX) + \cdots$$
$$= tR(XY - YX) + \cdots$$

となっています. これは無限小ベクトル場になっていて, $R(XY - YX)$ は点 R で SO_3 に接している接ベクトルです. つまり, 括弧積

$$[X, Y] := XY - YX$$

は so_3 の元になっています.

具体的に so_3 の性質を使えば, $[X, Y]$ が so_3 の元になっていることは,

$${}^t(XY - YX) = {}^tY\,{}^tX - {}^tX\,{}^tY = -(XY - YX)$$

と直接確かめられます.

説明の都合で, SO_3 の無限小変換全体のなす集合をリー環 so_3 だといいましたが, リー環というのはただの集合ではなくて, これに実ベクトル空間の構造と, 今いった括弧積の構造が備わっているもののことです.

括弧積の基本的な性質は,

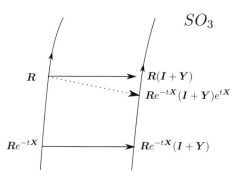

図 **7.2** 実線で描かれたベクトルは, ベクトル場 $\boldsymbol{RY}$. 点線で描かれたベクトルは, ベクトル場 $\boldsymbol{RY}$ を $e^{t\boldsymbol{X}} \in SO_3$ によって変形したもの.

1) 線形性:

$$[\boldsymbol{X}, \boldsymbol{Y} + a\boldsymbol{Z}] = [\boldsymbol{X}, \boldsymbol{Y}] + a[\boldsymbol{X}, \boldsymbol{Z}]$$

2) 反対称性:

$$[\boldsymbol{X}, \boldsymbol{Y}] = -[\boldsymbol{Y}, \boldsymbol{X}]$$

3) ヤコビ律:

$$[\boldsymbol{X}, [\boldsymbol{Y}, \boldsymbol{Z}]] + [\boldsymbol{Y}, [\boldsymbol{Z}, \boldsymbol{X}]] + [\boldsymbol{Z}, [\boldsymbol{X}, \boldsymbol{Y}]] = \boldsymbol{0}$$

をみたすことです.

■ 7.3 リー環の表現

リー環 so_3 は実ベクトル空間としては 3 次元です. 基底として,

$$\boldsymbol{E}_1 = \begin{pmatrix} 0 & 0 & 0 \\ 0 & 0 & 1 \\ 0 & -1 & 0 \end{pmatrix}, \quad \boldsymbol{E}_2 = \begin{pmatrix} 0 & 0 & -1 \\ 0 & 0 & 0 \\ 1 & 0 & 0 \end{pmatrix}, \quad \boldsymbol{E}_3 = \begin{pmatrix} 0 & 1 & 0 \\ -1 & 0 & 0 \\ 0 & 0 & 0 \end{pmatrix}$$

を選びます. これらの間の括弧積は,

$$[\boldsymbol{E}_1, \boldsymbol{E}_2] = -\boldsymbol{E}_3, \quad [\boldsymbol{E}_2, \boldsymbol{E}_3] = -\boldsymbol{E}_1, \quad [\boldsymbol{E}_3, \boldsymbol{E}_1] = -\boldsymbol{E}_2$$

で, この代数が so_3 を特徴付けるものです.

基底に対する括弧積があたえられると, so_3 の一般の元の間の括弧積も決まります. 上の代数の形は, 基底のとり方で変わりますが, 基底を適当に選んで上のような形にできるのは, so_3 の場合だけです. 上の代数が so_3 を特徴付けるといったの

多変数解析関数論（第 2 版）

野口潤次郎 著　定価 7,150 円（本体 6,500 円）（11157-6）

現代数学で広く用いられる多変数複素関数論の基礎をなす岡潔の連接定理を，学部生向けにやさしく解説。

幾何学百科 II
幾何解析

酒井隆・小林治・芥川和雄・西川青季・小林亮一 著

定価 8,030 円（本体 7,300 円）（11617-5）

偏微分方程式と密接な関係をもつ微分幾何学の諸相を概観する。

解析学百科 II
可積分系の数理

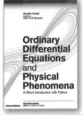

中村佳正・高崎金久・辻本諭・尾角正人・井ノ口順一 著

定価 8,250 円（本体 7,500 円）（11727-1）

ソリトン，戸田格子，逆散乱法などの数理物理に端を発し，幾何学・代数学・数論など多分野に広がる可積分系の世界を総覧。

Ordinary Differential Equations and Physical Phenomena
: A Short Introduction with Python

神田学 著／バルケズ アルビン 訳

定価 3,520 円（本体 3,200 円）（20169-7）

全編英語の常微分方程式（ODE）の教科書。

- - - - - きりとり線 - - - - -

【お申し込み書】 この申し込み書にご記入のうえ、最寄りの書店にご注文下さい。

書名		冊	取扱書店
書名		冊	
お名前	ご住所		
	TEL.		

〒162-8707 東京都新宿区新小川町 6-29
（営業部）電話 03-3260-7631 ／ FAX 03-3260-0180
http://www.asakura.co.jp　eigyo@asakura.co.jp
＊ISBN は 978-4-254 を省略／価格表示は 2021 年 1 月現在

朝倉書店

フーリエ　熱の解析的理論

西村重人 訳／高瀬正仁 監訳
定価 11,000 円（本体 10,000 円）(11156-9)

後世の数学・科学技術に多大な影響を与えた 19 世紀フランスの数学者フーリエの主著の全訳。熱伝播の問題のためにフーリエが編み出した数学と、彼の自然思想が展開される。学術的知見に基づいた正確な翻訳に、豊富な注釈・解説を付す。

メルツバッハ & ボイヤー
数学の歴史 I

―数学の萌芽から 17 世紀前期まで―

U.C. メルツバッハ・C.B. ボイヤー 著

三浦伸夫・三宅克哉 監訳, 久村典子 訳
定価 7,150 円（本体 6,500 円）(11150-7)

Merzbach&Boyer による通史 A History of Mathematics 3rd ed. を 2 分冊で全訳。

〔内容〕起源／古代エジプト／メソポタミア／ギリシャ／エウクレイデス／アルキメデス／アポロニオス／中国／インド／イスラム／ルネサンス／近代初期／ほか

メルツバッハ & ボイヤー
数学の歴史 II

―17 世紀後期から現代へ―

U.C. メルツバッハ・C.B. ボイヤー 著

三浦伸夫・三宅克哉 監訳, 久村典子 訳
定価 6,050 円（本体 5,500 円）(11151-4)

数学の萌芽から古代・中世と辿ってきた I 巻につづき, II 巻ではニュートンの登場から現代にいたる流れを紹介。

〔内容〕イギリスと大陸／オイラー／革命前後のフランス／ガウス／幾何学／代数学／解析学／20 世紀の遺産／最新の動向

整数論基礎講義

本橋洋一 著　定価 7,150 円（本体 6,500 円）(11154-5)

Euclid から Dirichlet へ至る整数論の展開を追体験しつつその礎をなす諸理論の深い理解へ。解析的整数論の初歩を中心に，ほぼ全般を初等算術により解説。初学者を導く無二の書。

〔内容〕整数の整除／整数の合同／指標／2 次形式序論／他

朝倉書店　数学おすすめ書籍

朝倉数学大系 シリーズ

はそういう意味です.

$E_k = (i/\hbar)J_k, (k = 1, 2, 3)$ とおくと,

$$[J_1, J_2] = i\hbar J_3, \quad [J_2, J_3] = i\hbar J_1, \quad [J_3, J_1] = i\hbar J_2$$

となりますが, これは角運動量代数というものです. E_k は実交代行列なので, 純虚数をかけると, エルミート行列になり,「角運動量」というオブザーバブルに対応します.

括弧積の代数が so_3 の正体なので, それが 3 次の実正方行列で表されているということは, 特に意味がありません. そこで, $E_k, (k = 1, 2, 3)$ のかわりに n 次の実, または複素の正方行列 F_k をもってきて, so_3 の括弧積を再現することを考えます. これを, so_3 の表現といいます. 結局

$$[F_1, F_2] = -F_3, \quad [F_2, F_3] = -F_1, \quad [F_3, F_1] = -F_2$$

をみたす正方行列の組を求めればよいです.

F_k たちは n 次元のベクトル空間 V 上の線形作用素だと思っています. V を表現空間といい, 表現空間が n 次元複素ベクトル空間のとき, n 次元の複素表現だといいます. 量子力学では, V が複素ユークリッド・ベクトル空間に対応するので, 複素表現を考えます. F_k は複素正方行列として求めればよいことになります.

so_3 はベクトル空間としては実ですが, 複素線形結合を許すことにします. ベクトル空間の複素化といいます. それにともなって, 括弧積も, 第 1, 第 2 スロット双方が複素線形性をもつように意味を拡張します. そして, 基底を

$$F_+ = -\frac{i}{\sqrt{2}}(F_1 + iF_2), \quad F_- = -\frac{i}{\sqrt{2}}(F_1 - iF_2), \quad H = -iF_3$$

ととり直します. これらのなす代数は,

$$[H, F_+] = F_+, \quad [H, F_-] = -F_-, \quad [F_+, F_-] = H$$

です.

H の固有値を表現のウエイトといいます. そのうち実部が最大のものを最高ウエイトといいますが, それを 1 つとってきて l とします. 対応する固有空間は 1 次元だとし, 固有ベクトル u_l を 1 つ固定します. 今,

$$Hu_l = lu_l$$

となっています.

少し補足しておきます. 表現が 2 組 F_k, G_k とあったとします. すると, F_k と

G_k をブロック対角に並べたものも表現になっています．こうして「無料で」え
られる表現は基本的ではないです．興味があるのは，どう頑張ってもより小さい
表現に分解できない「既約な」表現だけです．最高ウエイト l に属する固有空間
が 2 次元以上だと，同じ表現の 2 つ，またはいくつかのコピーをブロック対角に並
べただけのものができるので，既約表現にはなりません．

　u_λ を H の固有値 λ に対応する固有ベクトルとします．すると $F_\pm u_\lambda$ はゼロ
でなければ，固有値 $\lambda \pm 1$ に対応する固有ベクトルとなります．それは，

$$H(F_\pm u_\lambda) = (F_\pm H \pm F_\pm)u_\lambda = (\lambda \pm 1)F_\pm u_\lambda$$

だからです．

　そこで，

$$u_{m-1} := F_- u_m, \quad (m = l, l-1, \dots)$$

とすると，H の固有値 $m = l-1,\ l-2, \dots$ に対応する固有ベクトルの列が生成
できます．有限次元の表現を考えたいので，この列は有限項で終わるとします．つ
まり，ある l' で，$u_{l'} \neq 0,\ F_- u_{l'} = 0$ だとします．今作った，$u_l, u_{l-1}, \dots, u_{l'}$
で張られる複素ベクトル空間 V が表現空間です．

　次に，F_+ の V 上での作用をみてみましょう．それには，

$$F_+ u_m = c_m u_{m+1}$$

となっているはずですので，c_m を求めればよいです．まず，l が最高ウエイトなの
で，$c_l = 0$ はすぐわかります．一般の m に対しては，

$$
\begin{aligned}
c_{m+1} u_{m+1} &= F_-(c_{m+1} u_{m+2}) = F_- F_+ u_{m+1} \\
&= (F_+ F_- - H)u_{m+1} = F_+ u_m - (m+1)u_{m+1} \\
&= (c_m - m - 1)u_{m+1}
\end{aligned}
$$

より，

$$
\begin{aligned}
c_m &= c_{m+1} + (m+1) \\
&= c_{m+2} + (m+1) + (m+2) \\
&\qquad\qquad \vdots \\
&= c_l + (m+1) + (m+2) + \cdots + l \\
&= \frac{l(l+1) - m(m+1)}{2}
\end{aligned}
$$

となっています.

　次に, l は実数で, 特に非負の整数か半整数になることをみてみましょう.
$\boldsymbol{u}_{l'-1} = \boldsymbol{F}_- \boldsymbol{u}_{l'} = \boldsymbol{0}$ より,

$$0 = \boldsymbol{F}_+ \boldsymbol{u}_{l'-1} = c_{l'-1} \boldsymbol{u}_{l'}$$

で, $\boldsymbol{u}_{l'} \neq \boldsymbol{0}$ なので, $c_{l'-1} = 0$ です. これから, $l' = -l$ または, $l' = l+1$ ですが,
$l - l'$ が非負の整数だということから, l が非負の整数または半整数で, $l' = -l$ の
場合しかないです.

　これで, so_3 の既約な複素表現がすべて求まりましたが, 基底を少しとりかえて
少し見やすくします.

$$\boldsymbol{v}_m = \frac{1}{\sqrt{c_m c_{m+1} \dots c_l}} \boldsymbol{u}_m, \quad (m = l, l-1, \dots, -l)$$

を表現空間 V の新しい基底にとります. 表現空間 V の次元は $2l+1$ で,

$$\boldsymbol{F}_+ \boldsymbol{v}_m = \sqrt{c_m} \boldsymbol{v}_{m+1},$$
$$\boldsymbol{F}_- \boldsymbol{v}_{m+1} = \sqrt{c_m} \boldsymbol{v}_m,$$
$$\boldsymbol{H} \boldsymbol{v}_m = m \boldsymbol{v}_m$$

となります. 行列の成分では,

$$\boldsymbol{F}_+ = \begin{pmatrix} 0 & \sqrt{c_{l-1}} & & & \text{\Large 0} \\ & 0 & \sqrt{c_{l-2}} & & \\ & & 0 & \ddots & \\ & & & \ddots & \sqrt{c_{-l}} \\ \text{\Large 0} & & & & 0 \end{pmatrix},$$

$$\boldsymbol{F}_- = \begin{pmatrix} 0 & & & & \text{\Large 0} \\ \sqrt{c_{l-1}} & 0 & & & \\ & \sqrt{c_{l-2}} & 0 & & \\ & & \ddots & \ddots & \\ \text{\Large 0} & & & \sqrt{c_{-l}} & 0 \end{pmatrix},$$

$$
\boldsymbol{H} = \begin{pmatrix} l & & & & 0 \\ & l-1 & & & \\ & & l-2 & & \\ & & & \ddots & \\ 0 & & & & -l \end{pmatrix}
$$

です.

so_3 のもともとの基底の表現は,

$$
\boldsymbol{F}_1 = \frac{i}{\sqrt{2}} \begin{pmatrix} 0 & \sqrt{c_{l-1}} & & & & 0 \\ \sqrt{c_{l-1}} & 0 & \sqrt{c_{l-2}} & & & \\ & \sqrt{c_{l-2}} & 0 & \ddots & & \\ & & \ddots & \ddots & \sqrt{c_{-l}} & \\ 0 & & & \sqrt{c_{-l}} & 0 \end{pmatrix},
$$

$$
\boldsymbol{F}_2 = \frac{i}{\sqrt{2}} \begin{pmatrix} 0 & -i\sqrt{c_{l-1}} & & & & 0 \\ i\sqrt{c_{l-1}} & 0 & -i\sqrt{c_{l-2}} & & & \\ & i\sqrt{c_{l-2}} & 0 & \ddots & & \\ & & \ddots & \ddots & -i\sqrt{c_{-l}} & \\ 0 & & & i\sqrt{c_{-l}} & 0 \end{pmatrix},
$$

$$
\boldsymbol{F}_3 = i \begin{pmatrix} l & & & & 0 \\ & l-1 & & & \\ & & l-2 & & \\ & & & \ddots & \\ 0 & & & & -l \end{pmatrix}
$$

になります. これらはすべて歪エルミート行列です. つまり, $\boldsymbol{F}_k^\dagger = -\boldsymbol{F}_k$ となっています.

ここでは SO_3 を考えていますが, 一般にリー群が行列の空間 $M_n(\mathbb{R})$ の有界閉集合のとき, リー環の任意の表現は, 表現空間の適当な基底を選んで歪エルミート行列にすることができます.

表現空間には, まだ内積を考えていませんでしたが, $\boldsymbol{v}_l, \boldsymbol{v}_{l-1}, \dots, \boldsymbol{v}_{-l}$ を正規直交基底とする内積を V に入れれば, $\boldsymbol{F}_k$ たちは, 複素ユークリッド・ベクトル空

間上の歪エルミート作用素となります.

量子力学でよく使われる表記では, v_m をブラ・ケット記法で $|l, m\rangle$ と書きます.

■ 7.4 SO_3 の表現

リー環 so_3 の表現を求めてきました. 表現, 表現, といっても so_3 の括弧積をみたす基底の形を求めてきただけです. これが何をしていることになるのか, 少し立ち返ってみます.

最初からあった, E_k も自明に表現です. これに別の行列 F_k を対応させたわけです. これを $\rho(E_k) = F_k$ と書きましょう. この対応を実線形に拡張します. すると, ρ は $X = \sum_k X^k E_k \in so_3$ に対して

$$\rho(X) = \sum_{k=1}^{3} X^k \rho(E_k) = \sum_{k=1}^{3} X^k F_k$$

と作用します. so_3 の一般の元 X の表現です. ρ は so_3 から $M_n(\mathbb{C})$ への実線形写像です. 線形なだけではなく, 括弧積に対して

$$\rho([X, Y]) = [\rho(X), \rho(Y)]$$

が成り立ちます. この式は, ρ が括弧積の構造も保存することを示しています. このような, リー環の代数的な構造を保つ写像 ρ のことを本来, 表現といいます. 色々省略して, F_k のことも E_k の表現だといったりします.

同じように, もともとの SO_3 の群の構造を保つ写像 $\tilde{\rho}: SO_3 \to M_n(\mathbb{C})$ を SO_3 の表現といいます. 群の構造を保つ, というのは $R, R' \in SO_3$ に対して,

$$\tilde{\rho}(RR') = \tilde{\rho}(R)\tilde{\rho}(R')$$

が成り立つことです. つまり, 積をとってから $\tilde{\rho}$ で写したのと, $\tilde{\rho}$ で写してから積をとった結果がいつも同じになるということです.

ρ を so_3 の表現とします. それから, 複素行列の集合

$$G = \left\{ \exp\rho(X) \in M_n(\mathbb{C}) \,\middle|\, X \in so_3 \right\}$$

を考えてみます. 集合 G は行列の積について閉じています. これは, ハウスドルフの公式という行列の公式

$$e^{\rho(X)}e^{\rho(Y)} = \exp\left(\rho(X) + \rho(Y) + \frac{1}{2}[\rho(X), \rho(Y)] \right.$$
$$\left. + \frac{1}{12}\left[\rho(X) - \rho(Y), [\rho(X), \rho(Y)]\right] + \cdots \right)$$

によります. 右辺の指数関数の引数は, $\rho(\boldsymbol{X})$, $\rho(\boldsymbol{Y})$ たちの和と括弧積だけからなっています. 無限級数ですが, 収束して $\rho(\boldsymbol{W})$, $(\boldsymbol{W} \in so_3)$ という形に書くことができるからです.

$\exp\rho(\boldsymbol{O}) = \boldsymbol{I}$ は単位行列で G の単位元になっています. また, $(\exp\rho(\boldsymbol{X}))^{-1} = \exp(\rho(-\boldsymbol{X}))$ のように, G のすべての元は逆行列をもっていて, その逆行列も G に属しています. 要するに, G はリー群の構造をもっていて, G の元はそのリー群の表現になっています.

G の単位行列 $\boldsymbol{I}$ の無限小近傍は,

$$\exp(t\rho(\boldsymbol{X})) = \boldsymbol{I} + t\rho(\boldsymbol{X}) + \cdots$$

という形をしています. $\rho(\boldsymbol{X})$ たちは, リー環 so_3 と同じ代数構造なので, G のリー環は so_3 そのものだといえます.

G は, 表現上の違いがあるとしても, SO_3 と同じものではないかと思いたくなりますが, そうとは限りません. so_3 をリー環としてもつリー群は SO_3 だけではないからです. 例えば, 2 次のユニタリー群

$$SU_2 = \left\{ U \in M_2(\mathbb{C}) \,\middle|\, U^\dagger U = \boldsymbol{I} \right\}$$

のリー環は, 表現が違うだけで, so_3 と全く同じものです.

リー環は, リー群の単位元のまわりの 1 次近似をしてえられました. リー環から指数関数をとることによって, 1 次近似がそのリー環になるリー群がえられますが, その新しいリー群は, もとのものと局所的にはそっくりでも大域的には違うものかもしれません. 実際今の場合, 表現 ρ によって, G は SO_3 のこともありますし, SU_2 のこともあります. 具体的には, ρ を最高ウエイト l が整数 $0, 1, 2, \ldots$ の表現とすると $G = SO_3$, 半整数 $1/2, 3/2, \ldots$ の表現とすると $G = SU_2$ となります.

■ 7.5　スピン 1/2

ρ を最高ウエイト $l = 1/2$ の表現とします. このとき,

$$\rho(\boldsymbol{E}_k) = \boldsymbol{F}_k = \frac{i}{2}\boldsymbol{\sigma}_k, \quad (k = 1, 2, 3)$$

です. $\boldsymbol{\sigma}_k$ はパウリ行列

$$\boldsymbol{\sigma}_1 = \begin{pmatrix} 0 & 1 \\ 1 & 0 \end{pmatrix}, \quad \boldsymbol{\sigma}_2 = \begin{pmatrix} 0 & -i \\ i & 0 \end{pmatrix}, \quad \boldsymbol{\sigma}_3 = \begin{pmatrix} 1 & 0 \\ 0 & -1 \end{pmatrix}$$

です. パウリ行列は

$$(\boldsymbol{\sigma}_k)^2 = \boldsymbol{I}, \qquad\qquad (k = 1, 2, 3)$$

$$\boldsymbol{\sigma}_1\boldsymbol{\sigma}_2 = -\boldsymbol{\sigma}_2\boldsymbol{\sigma}_1 = i\boldsymbol{\sigma_3},$$

$$\boldsymbol{\sigma}_2\boldsymbol{\sigma}_3 = -\boldsymbol{\sigma}_3\boldsymbol{\sigma}_2 = i\boldsymbol{\sigma_1},$$

$$\boldsymbol{\sigma}_3\boldsymbol{\sigma}_1 = -\boldsymbol{\sigma}_1\boldsymbol{\sigma}_3 = i\boldsymbol{\sigma_2}$$

をみたします.

ここで (n_1, n_2, n_3) を $\mathbb{R}^3$ の単位ベクトルとします. このとき,

$$\boldsymbol{n} := n_1\boldsymbol{E}_1 + n_2\boldsymbol{E}_2 + n_3\boldsymbol{E}_3 \in so_3$$

とすると,

$$\rho(\boldsymbol{n}) = \frac{i}{2}(n_1\boldsymbol{\sigma}_1 + n_2\boldsymbol{\sigma}_2 + n_3\boldsymbol{\sigma}_3)$$

$$= \frac{i}{2}\begin{pmatrix} n_3 & n_1 - in_2 \\ n_1 + in_2 & -n_3 \end{pmatrix}$$

となります. これは, $\rho(\boldsymbol{n}) = -\rho(\boldsymbol{n})^\dagger$ が成り立っていて, 歪エルミート行列です.

$$\rho(\boldsymbol{n})^{2m} = \frac{(-1)^m}{2^{2m}}\boldsymbol{I}, \quad \rho(\boldsymbol{n})^{2m+1} = i\frac{(-1)^m}{2^{2m+1}}\boldsymbol{\Sigma}, \quad (m = 0, 1, 2, \dots)$$

$$\boldsymbol{\Sigma} := \begin{pmatrix} n_3 & n_1 - in_2 \\ n_1 + in_2 & -n_3 \end{pmatrix}$$

に注意すると, $\theta \in \mathbb{R}$ に対して

$$\exp(\theta\rho(\boldsymbol{n})) = \left(\cos\frac{\theta}{2}\right)\boldsymbol{I} + i\left(\sin\frac{\theta}{2}\right)\boldsymbol{\Sigma}$$

$$= \begin{pmatrix} \cos(\theta/2) + in_3\sin(\theta/2) & (in_1 + n_2)\sin(\theta/2) \\ (in_1 - n_2)\sin(\theta/2) & \cos(\theta/2) - in_3\sin(\theta/2) \end{pmatrix}$$

だとわかります. これは, 行列式が 1 のユニタリー行列になっています. 逆に, 行列式が 1 の任意のユニタリー行列はいつもこの形で書けます. so_3 の元は常に $\boldsymbol{X} = \theta\boldsymbol{n}$ と書けるので,

$$G = \left\{\exp\rho(\boldsymbol{X}) \big| \boldsymbol{X} \in so_3\right\} = SU_2$$

だとわかります.

SU_2 のパラメータとして,

$$(p, q, r, s) := \left(n_1\sin\frac{\theta}{2}, n_2\sin\frac{\theta}{2}, n_3\sin\frac{\theta}{2}, \cos\frac{\theta}{2}\right)$$

がとれます. つまり,

$$\exp(\theta\rho(\boldsymbol{n})) = \begin{pmatrix} s+ir & ip+q \\ ip-q & s-ir \end{pmatrix}$$

だと考えます.

これは, $\mathbb{R}^4$ の単位球面上の点と 1 対 1 対応しています. つまり SU_2 は空間としては 3 次元球面

$$S^3 := \left\{ (p,q,r,s) \in \mathbb{R}^4 \,\middle|\, p^2+q^2+r^2+s^2 = 1 \right\}$$

と同じものです.

SU_2 は, 2 次元の複素ベクトル空間 V のベクトルに作用します. V に, $\boldsymbol{v}_{1/2}$, $\boldsymbol{v}_{-1/2}$ が正規直交基底となるような内積を入れると, $\exp\rho(\boldsymbol{X}) \in SU_2$ は V 上のユニタリー作用素になります. 2 次元複素ユークリッド・ベクトル空間 V は量子系の状態空間だと思うことができて, それが記述するのは電子などがもつスピン自由度です. 角運動量作用素の表現は, 特に

$$\boldsymbol{s}_k := \rho(\boldsymbol{J}_k) = \frac{\hbar}{2}\boldsymbol{\sigma}_k, \quad (k=1,2,3)$$

と書き, 対応するオブザーバブル O_{s_k} をスピンの x, y, z 成分とそれぞれよびます. $\boldsymbol{v}_{\pm 1/2}$ はスピンの z 成分に対応するエルミート作用素 $\boldsymbol{s}_3$ の固有値 $\pm 1/2$ にそれぞれ属する固有状態です.

スピンというのは, 自転という意味ですが, 比喩です. 電子が本当に剛体回転しているわけではないです. では, スピンとは結局何なのでしょうか.

もちろん, これは単なる 2 次元の複素ユークリッド・ベクトル空間のことではないです. 回転操作に対する変換性こそがスピンなんだよ, という話に移っていきます.

SO_3 の元は行列式が 1 の直交行列 $\boldsymbol{R}$ で, 回転操作に対する 3 次元実ベクトル $\boldsymbol{u}$ の変換

$$\boldsymbol{u} \longmapsto \boldsymbol{u}' = \boldsymbol{R}\boldsymbol{u}, \quad (\boldsymbol{R} \in SO_3)$$

を表します. xyz 座標系を回転したために, ベクトル $\boldsymbol{u}$ の成分が変換したと思ってください. このとき変換するのは, 3 次元実ベクトルだけではないです. 量子状態を表す複素ユークリッド・ベクトル空間のベクトルも変換を受けます.

スピンの状態を $\boldsymbol{\psi}$ と表しましょう. すると, 回転操作 $\boldsymbol{R}$ にともなって, これも

$$\boldsymbol{\psi} \longmapsto \boldsymbol{\psi}' = \widetilde{\rho}(\boldsymbol{R})\boldsymbol{\psi}, \quad (\widetilde{\rho}(\boldsymbol{R}) \in SU_2)$$

と変換するとしましょう. さらに, 回転操作 $\boldsymbol{R'}$ を施すと,

$$\boldsymbol{u'} \longmapsto \boldsymbol{u''} = \boldsymbol{R'}\boldsymbol{u'} = \boldsymbol{R'}\boldsymbol{R}\boldsymbol{u},$$

$$\boldsymbol{\psi'} \longmapsto \boldsymbol{\psi''} = \widetilde{\rho}(\boldsymbol{R'})\boldsymbol{\psi'} = \widetilde{\rho}(\boldsymbol{R'})\widetilde{\rho}(\boldsymbol{R})\boldsymbol{\psi}$$

と変換するはずです. ところが, 最初から一度に回転操作 $\boldsymbol{R'}\boldsymbol{R}$ を行ったと考えると,

$$\boldsymbol{\psi} \longmapsto \boldsymbol{\psi''} = \widetilde{\rho}(\boldsymbol{R'}\boldsymbol{R})\boldsymbol{\psi}$$

と考えてもよさそうです. これから,

$$\widetilde{\rho}(\boldsymbol{R'}\boldsymbol{R}) = \widetilde{\rho}(\boldsymbol{R'})\widetilde{\rho}(\boldsymbol{R})$$

が成り立つはずです. $\widetilde{\rho}: SO_3 \to SU_2$ は表現だという意味になります. この議論は大体はあっているのですが, 微妙なところが間違っています.

SO_3 の元 $\boldsymbol{R}$ に SU_2 の元を対応させればよいのですが, それには, $\boldsymbol{R} = \exp(\boldsymbol{X})$ となる $\boldsymbol{X} \in so_3$ を選んで

$$\exp(\boldsymbol{X}) \longmapsto \exp(\rho(\boldsymbol{X}))$$

とすればよさそうです. ただし, ρ は最高ウエイト $1/2$ の表現です. 実はこれでは表現になってないのですが, それでもうまくいっていて, まったく問題はないです. その仕組みをみてみましょう.

先ほどと同じように, (n_1, n_2, n_3) を $\mathbb{R}^3$ の単位ベクトルとして,

$$\boldsymbol{n} = n_1 \boldsymbol{E}_1 + n_2 \boldsymbol{E}_2 + n_3 \boldsymbol{E}_3$$

$$= \begin{pmatrix} 0 & n_3 & -n_2 \\ -n_3 & 0 & n_1 \\ n_2 & -n_1 & 0 \end{pmatrix} \in so_3$$

とします.

$$\boldsymbol{n}^{2m-1} = (-1)^{m+1}\boldsymbol{n}, \quad \boldsymbol{n}^{2m} = (-1)^{m+1}\boldsymbol{S}, \qquad (m = 1, 2, \dots)$$

$$\boldsymbol{S} := \begin{pmatrix} -1 + (n_1)^2 & n_1 n_2 & n_1 n_3 \\ n_2 n_1 & -1 + (n_2)^2 & n_2 n_3 \\ n_3 n_1 & n_3 n_2 & -1 + (n_3)^2 \end{pmatrix}$$

に注意すると, $\theta \in \mathbb{R}$ に対して,

$$\exp(\theta \boldsymbol{n}) = \boldsymbol{I} + (\sin\theta)\boldsymbol{n} + (1 - \cos\theta)\boldsymbol{S}$$

となっているとわかります. ${}^t\boldsymbol{n} = -\boldsymbol{n}$, ${}^t\boldsymbol{S} = \boldsymbol{S}$ より,

$$
{}^t(\exp(\theta\boldsymbol{n})) = \boldsymbol{I} - (\sin\theta)\boldsymbol{n} + (1-\cos\theta)\boldsymbol{S} = \exp(-\theta\boldsymbol{n}) = (\exp(\theta\boldsymbol{n}))^{-1}
$$

ですので, $\exp(\theta\boldsymbol{n})$ は直交行列です. また, 直交行列の行列式は ± 1 のどちらかですが, $\theta = 0$ のとき行列式が 1 で, $\det(\exp(\theta\boldsymbol{n}))$ は θ の連続関数だということから, $\exp(\theta\boldsymbol{n}) \in SO_3$ となっています.

θ を無限小パラメータとすると,

$$
\exp(\theta\boldsymbol{n}) = \boldsymbol{I} + \theta\boldsymbol{n} = \begin{pmatrix} 1 & \theta n_3 & -\theta n_2 \\ -\theta n_3 & 1 & \theta n_1 \\ \theta n_2 & -\theta n_1 & 1 \end{pmatrix}
$$

で, これはベクトル (n_1, n_2, n_3) を回転軸とする無限小 θ 回転です.

θ が有限の大きさのとき,

$$
\exp(\theta\boldsymbol{n}) = \lim_{N\to\infty} \left(\boldsymbol{I} + \frac{\theta}{N}\boldsymbol{n}\right)^N
$$

より, $\exp(\theta\boldsymbol{n})$ は (n_1, n_2, n_3) を回転軸とする θ 回転だとわかります. SO_3 の元は常に適当な回転軸のまわりの回転で書けるので,

$$
SO_3 = \left\{\exp(\boldsymbol{X}) \,\middle|\, \boldsymbol{X} \in so_3\right\}
$$

が理解できます.

次に,

$$
\exp(\theta\rho(\boldsymbol{n})) = \left(\cos\frac{\theta}{2}\right)\boldsymbol{I} + i\left(\sin\frac{\theta}{2}\right)\boldsymbol{\Sigma} \in SU_2,
$$

$$
\exp(\theta\boldsymbol{n}) = \boldsymbol{I} + (\sin\theta)\boldsymbol{n} + (1-\cos\theta)\boldsymbol{S} \in SO_3
$$

を見比べてみましょう. $\boldsymbol{n}$ を固定して考えたとき, $\exp(\theta\boldsymbol{n})$ は θ の周期 2π なのに対して, $\exp(\theta\rho(\boldsymbol{n}))$ のほうは周期 4π になっています. 特に,

$$
\exp(2\pi\rho(\boldsymbol{n})) = -\boldsymbol{I}
$$

です. 2π だけ空間回転すると, スピンの状態ベクトルのほうは -1 倍されるということになります.

回転操作 $\boldsymbol{R} \in SO_3$ に対して, $\boldsymbol{R} = \exp(\theta\boldsymbol{n})$ となる実数の組 (θ, n_1, n_2, n_3) を見つけるのですが, 一意的ではなく, $(\theta + 2\pi m, n_1, n_2, n_3)$, $(m = 0, \pm 1, \pm 2, \dots)$ という形までしか決められません. ところが,

$$
\exp((\theta + 2\pi m)\rho(\boldsymbol{n})) = (-1)^m \exp(\theta\rho(\boldsymbol{n}))
$$

なので, $\boldsymbol{R} = \exp(\theta\boldsymbol{n})$ に対応する SU_2 の元は, $\pm\exp(\theta\rho(\boldsymbol{n}))$ と 2 つあることになります. SO_3 と SU_2 の対応は, 1:2 だということになります. つまり写像ではありません. 写像としたければ,

$$\widetilde{\rho'} : \exp(\boldsymbol{X}) \longmapsto \{\pm\exp(\rho(\boldsymbol{X}))\}$$

とすればよいです. $\{\pm\boldsymbol{U}\}$ は $\boldsymbol{U}, -\boldsymbol{U} \in SU_2$ のペアのことです. SU_2 のペア $\{\pm\boldsymbol{U}\}$ 全体からなる集合を $SU_2/\{\pm1\}$ とします. $SU_2/\{\pm1\}$ の積を

$$\{\pm\boldsymbol{U}\}\{\pm\boldsymbol{U'}\} = \{\pm\boldsymbol{U}\boldsymbol{U'}\}$$

とすれば, $SU_2/\{\pm1\}$ も群になっています. $\widetilde{\rho'}$ は, 群として SO_3 と $SU_2/\{\pm1\}$ が同じものだということを表しています.

では, 適当に $\{\pm\boldsymbol{U}\}$ のうち 1 つを選んで,

$$\widetilde{\rho} : e^{\boldsymbol{X}} \longmapsto \pm e^{\rho(\boldsymbol{X})}$$

としたらどうでしょうか. 今度は, 右辺の $\pm$ はペアのことではなくて, $e^{\boldsymbol{X}}$ ごとにどちらか一方をとるという意味です.

このとき,

$$\widetilde{\rho}(e^{\boldsymbol{X}}e^{\boldsymbol{Y}}) = \pm\widetilde{\rho}\left(\exp\left(\boldsymbol{X} + \boldsymbol{Y} + \frac{1}{2}[\boldsymbol{X}, \boldsymbol{Y}] + \cdots\right)\right)$$

$$= \pm\exp\left(\rho(\boldsymbol{X}) + \rho(\boldsymbol{Y}) + \frac{1}{2}[\rho(\boldsymbol{X}), \rho(\boldsymbol{Y})] + \cdots\right),$$

$$\widetilde{\rho}(e^{\boldsymbol{X}})\widetilde{\rho}(e^{\boldsymbol{Y}}) = \pm e^{\widetilde{\rho}(\boldsymbol{X})}e^{\widetilde{\rho}(\boldsymbol{Y})} = \pm\exp\left(\rho(\boldsymbol{X}) + \rho(\boldsymbol{Y}) + \frac{1}{2}[\rho(\boldsymbol{X}), \rho(\boldsymbol{Y})] + \cdots\right)$$

なので,

$$\widetilde{\rho}(\boldsymbol{R}\boldsymbol{R'}) = \pm\widetilde{\rho}(\boldsymbol{R})\widetilde{\rho}(\boldsymbol{R'})$$

はいえます. しかし実は右辺の符号をいつも $+$ にとるように符号の規則は決められません. したがってこれは表現ではないです. 表現ではないけれど, このように符号をのぞいて積の構造を保つものを射影表現といいます.

回転操作 $\boldsymbol{R} \in SO_3$ にともなって, 射影表現 $\widetilde{\rho}(\boldsymbol{R})$ で変換する複素ベクトル

$$\boldsymbol{\psi} \longmapsto \boldsymbol{\psi'} = \widetilde{\rho}(\boldsymbol{R})\boldsymbol{\psi}$$

がスピンの状態ベクトルです. 射影表現でよいのは, 思い出してみてください. 量子力学の状態は, ベクトルそのものではなくて, ベクトル空間の射線だからです. 実際, $\boldsymbol{\psi}$ を単位ベクトルとして, 密度行列 $\boldsymbol{W} = \boldsymbol{\psi}\boldsymbol{\psi}^\dagger$ を考えてみましょう. 密度

行列は,

$$\boldsymbol{W} \longmapsto \boldsymbol{W}' = \boldsymbol{\psi}'(\boldsymbol{\psi}')^{\dagger} = \widetilde{\rho}(\boldsymbol{R})\boldsymbol{\psi}\boldsymbol{\psi}^{\dagger}\widetilde{\rho}(\boldsymbol{R})^{\dagger} = \widetilde{\rho}(\boldsymbol{R})\boldsymbol{W}\widetilde{\rho}(\boldsymbol{R})^{\dagger}$$

とユニタリー変換します. $\widetilde{\rho}(\boldsymbol{R})$ の符号をどちらに選んでも, 関係ないです.

8

対 称 性

　自然法則は, 空間回転や空間原点の変更などに対して不変ですが, その他にゲージ対称性などの抽象的な変換に対しての不変性があります. 何らかの変換に対する不変性を対称性といいます. 量子力学ではその「何らかの変換」を状態やオブザーバブルへの群の作用として表現します. 自然法則の対称性は, 群の作用に対するハミルトニアンの不変性として理解できます. また, 対称性のために, 量子状態のヒルベルト空間がいくつかの部分空間に分解され, お互いに干渉することが禁止されるという現象がおきます. それを超選択則というのですが, すべてのエルミート作用素がオブザーバブルに対応するわけではなくて, オブザーバブルに対応するエルミート作用素は一定の条件をみたしていなければならないことを意味しています. 概念的に少し難しいかもしれないので, ゆっくり考えていきましょう.

■ 8.1 対称性

　n 次元複素ユークリッド・ベクトル空間 $\mathcal{H}$ で記述される系を考えます. そして, 系全体を回転するとか, 鏡に映すとか, そのような類の変換を考えてみましょう. その変換は, 系の状態を表すベクトルのユニタリー変換 $\psi \mapsto U\psi$ として表されます. 細かいことをいえば, 変換に時間反転が含まれていたら, ユニタリー変換と複素共役を組み合わせたものになりますが, それは今考えないことにします.

　単位ベクトル $\psi \in \mathcal{H}$ の状態にある純粋アンサンブルで, オブザーバブル O_A の期待値は

$$m(O_A) = \langle \psi, A\psi \rangle$$

であたえられます. 変換操作を行ったあとでは, エルミート作用素 A' を

$$A' = UAU^*$$

とすれば, 対応するオブザーバブル $O_{A'}$ の期待値が

$$m(O_{A'}) = \langle \psi', A'\psi' \rangle = \langle U\psi, UAU^*U\psi \rangle = \langle \psi, A\psi \rangle$$

と, $m(O_A)$ と同じものになります. ここまでは結構当たり前の話だと思うのです. 一斉に $\psi \mapsto \psi'$, $A \mapsto A'$ という変換をしたら, 何も変わらないというだけのことで, どんな変換操作を考えてもそうなるでしょう.

　系のハミルトニアン H は, エネルギーという特別なオブザーバブル O_H に対応していますが, これが変換に対して不変, つまり

$$UHU^* = H$$

が成り立つとき, 系はその変換に対する対称性があるといいます.

　この条件は, U で表される変換と, 時間発展が可換なことを意味しています. 時刻 $t = 0$ での状態が ψ_0 だと, 時刻 t での状態は $\psi_t = e^{-iHt/\hbar}\psi_0$ です. 対称性があるということは, $UH = HU$ ということなので,

$$\psi'_t = U\psi_t = Ue^{-iHt/\hbar}\psi_0 = e^{-iHt/\hbar}U\psi_0 = e^{-iHt/\hbar}\psi'_0$$

です. つまり, 変換を施したあとも, 同じ形のシュレーディンガー方程式で時間発展するという意味になります. 系の時間発展だけみても, 操作が施されているのかいないのか, 原理的に区別がつかないというわけです.

　z 軸のまわりに角度 θ だけ回転, のように連続パラメータをもつ変換 U は, 実数のパラメータ θ とエルミート作用素 X を用いて $U = e^{i\theta X}$ と書けます. X は系の変換の生成子だといいます. 変換 U に対する対称性があることと, X と H が可換なことは同じことになります. このとき, X に対応するオブザーバブル O_X は保存量です. それは, 状態 ψ の時間発展を考えたとき, $m(O_X)$ が測定する時刻によらないともいえますし, X の固有値 λ に対する固有ベクトル ψ が, 時間発展してもその固有空間にとどまりつづけるともいえます.

■　8.2　対称変換群

　系を記述する複素ユークリッド・ベクトル空間とハミルトニアンがあたえられたとき, 系の対称性とは何なのかという話をしました. もっと基本的なレベルの話をしましょう.

　この世界を記述するハミルトニアンはどんな形なのか, と考えるとき, こういう形ではないか, ああいう形ではないか, と試してみて, 実験と合うものが正しいと

考えるわけです. ただ, 何も方針がなければ, ハミルトニアンの形を予想すること
も難しいです. ハミルトニアンの形を絞るために, 対称性を使います.

　自然法則がこれこれの変換に対する対称性を備えているはずだ, とすることに
よって, ハミルトニアンの形が制限されることになります. 例えば, 空間回転や平
行移動に対する対称性です. 特殊相対論のローレンツ変換というのもありますし,
ゲージ対称性というもっと抽象的なものもあります. そういった対称性を課して
ハミルトニアンの形を予想するのが, 基本的な戦略です.

　最初に仮定するのは, 系の対称変換全体のなす集合 G です. $g \in G$ は「対称変
換」という 1 つの抽象的な操作を表していると考えてください. 対称変換 g_1 を
施したあと, 対称変換 g_2 を施すことを, 対称変換の合成とよび, この合成を積の
形 $g_2 g_1$ に書きます. 合成が, G に定義された積です. つまり $g_1, g_2 \in G$ ならば,
$g_2 g_1 \in G$ です.

- 合成には $(g_1 g_2) g_3 = g_1 (g_2 g_3)$ という性質があります. これは, $(g_1 g_2) g_3$ を
  $g_1 g_2 g_3$ と書いてもよいよ, という意味です.
- 何もしないことも, 自明に対称変換で, e と書きます. e を G の単位元といっ
  て, 任意の $g \in G$ に対して $eg = ge = g$ という性質があります.
- 任意の対称変換 g に対して, もとに戻す変換 g^{-1} が対応します. つまり,
  $gg^{-1} = g^{-1} g = e$ となる $g^{-1} \in G$ があります.

以上の性質をもつ集合 G は群の構造をもっているといいます. 対称変換全体の
なす集合 G は群をなしています. 結局, 最初に系の対称性として, 何らかの群 G
を仮定します. ただし, このままでは対称変換はよくわからない抽象的な操作で
す. これを人間がわかる具体的な変換として表現します. 対称変換を複素ユーク
リッド・ベクトル空間に作用するユニタリー作用素として表現することになりま
す. 7 章では $G = SO_3$ の表現について具体的な話をしたので思い出してみてく
ださい.

　群 G の表現は, $g \in G$ のそれぞれに対して複素ユークリッド・ベクトル空間 $\mathcal{H}$
上のユニタリー作用素 U_g を対応させることです. ただし, 任意の $g_1, g_2 \in G$ に
対して絶対値が 1 の複素数 $\alpha(g_1, g_2)$ があって,

$$U_{g_1} U_{g_2} = \alpha(g_1, g_2) U_{g_1 g_2}$$

が成り立つようにします. すべての g_1, g_2 に対して $\alpha(g_1, g_2) = 1$ のとき, $g \mapsto U_g$
を群 G の表現, $\alpha(g_1, g_2)$ が一般の絶対値 1 の複素数のとき, 射影表現といいます.

$$U_g U_e = \alpha(g, e) U_g, \quad U_e U_g = \alpha(e, g) U_g$$

より,

$$U_e = \alpha(g, e) I = \alpha(e, g) I$$

をえます. これから, $\alpha(g, e) = \alpha(e, g) = \alpha(e, e)$ で, U_e は $\alpha(e, e)$ 倍の操作だとわかります.

また,

$$U_g U_{g^{-1}} = \alpha(g, g^{-1}) U_e, \quad U_{g^{-1}} U_g = \alpha(g^{-1}, g) U_e$$

より, $\alpha(g, g^{-1}) = \alpha(g^{-1}, g)$ です.

射影表現と表現の差は $\alpha(g_1, g_2)$ という位相因子です. U_1 を絶対値が 1 の複素数全体のなす集合として,

$$\alpha : G \times G \longrightarrow U_1$$

です. このように $\alpha(g_1, g_2) \in U_1$ となる写像を 2-コチェインといいます. 一般に k-コチェインは, G 上の k 変数 U_1 値関数

$$c : \underbrace{G \times G \times \cdots \times G}_{k \text{ 個}} \longrightarrow U_1$$

のことです. ですから $c : G \to U_1$ は 1-コチェインです.

k-コチェイン c から $(k+1)$-コチェイン δc が

$$(\delta c)(g_1, g_2, \ldots, g_{k+1})$$
$$= c(g_2, \ldots, g_{k+1}) \left[\prod_{i=1}^{k} c(g_1, \ldots, g_i g_{i+1}, \ldots, g_{k+1})^{(-1)^i} \right] c(g_1, \ldots, g_k)^{(-1)^{k+1}}$$

と定義されます. 例えば, c が 1-コチェインなら

$$(\delta c)(g_1, g_2) = c(g_2) c(g_1 g_2)^{-1} c(g_1)$$

です.

$(\delta c)(g_1, \ldots, g_{k+1}) = 1$ となる k-コチェイン c を k-コサイクル, $(k-1)$-コサイクル b によって, $c(g_1, \ldots, g_k) = (\delta b)(g_1, \ldots, g_k)$ と書ける k-コチェイン c を k-コバウンダリといいます. δ の基本的な性質は,

$$(\delta(\delta c))(g_1, \ldots, g_{k+2}) = 1$$

です. つまり, コバウンダリは自動的にコサイクルになっています.

射影表現にあらわれる 2–コチェインの α は, 2–コバウンダリの自由度があります. それは $g \to U_g$ の対応に, そもそも位相因子の自由度があるからです. もし, U_g のかわりに

$$g \longmapsto U_g' := c(g)U_g, \quad (c(g) \in U_1)$$

という対応を考えたらどうでしょうか. これも射影表現で,

$$U_{g_1}' U_{g_2}' = \alpha'(g_1, g_2)U_{g_1 g_2}',$$
$$\alpha'(g_1, g_2) = \alpha(g_1, g_2)c(g_2)c(g_1 g_2)^{-1}c(g_1)$$
$$= \alpha(g_1, g_2)(\delta c)(g_1, g_2)$$

となっています. つまり, 射影表現と表現との差を表す 2–コチェイン α はいつでも $\alpha \mapsto \alpha \cdot \delta c$ という変形ができるという意味です.

もし, α が 2–コバウンダリで $\alpha = \delta c$ なら, $U_g' = c(g)^{-1}U_g$ とすることにより, $\alpha'(g_1, g_2) = (\delta c \cdot \delta c^{-1})(g_1, g_2) = 1$ となります. つまり, U_g は表現 U_g' に変形可能です. 逆に α が 2–コバウンダリでなければ, U_g は真に射影表現です.

■ 8.3 超選択則

G が $\mathcal{H}_1$ 上で表現されているとします. それを $\rho_1 : g \mapsto U_g^{(1)}$ としましょう. また, G は $\mathcal{H}_2$ 上でも表現されていて, $\rho_2 : g \mapsto U_g^{(2)}$ としましょう.

$\mathcal{H}_1$ の正規直交基底を $e_1, \ldots, e_{n_1}$, $\mathcal{H}_2$ の正規直交基底を $f_1, \ldots, f_{n_2}$ とするとき, $e_1, \ldots, e_{n_1}, f_1, \ldots, f_{n_2}$ を正規直交基底とする複素ユークリッド・ベクトル空間を $\mathcal{H}_1$ と $\mathcal{H}_2$ の直和複素ユークリッド・ベクトル空間といい, $\mathcal{H}_1 \oplus \mathcal{H}_2$ と書きます. $\mathcal{H}_1 \oplus \mathcal{H}_2$ のベクトル ψ は, $\psi = \psi_1 + \psi_2$ のように $\psi_1 \in \mathcal{H}_1$ と $\psi_2 \in \mathcal{H}_2$ の和に一意的に分解できます. ψ_1, ψ_2 を縦ベクトルだと思えば, この分解は

$$\psi = \begin{pmatrix} \psi_1 \\ \psi_2 \end{pmatrix} = \begin{pmatrix} \psi_1 \\ 0 \end{pmatrix} + \begin{pmatrix} 0 \\ \psi_2 \end{pmatrix}$$

のようなものです.

$\mathcal{H}_1$ 上の作用素 $A^{(1)}$ と $\mathcal{H}_2$ 上の作用素 $A^{(2)}$ の直和 $A^{(1)} \oplus A^{(2)}$ を

$$\left(A^{(1)} \oplus A^{(2)} \right)(\psi_1 + \psi_2) = A^{(1)}\psi_1 + A^{(2)}\psi_2$$

と定義します. つまり,

$$A^{(1)} \oplus A^{(2)} = \left(\begin{array}{c|c} A^{(1)} & 0 \\ \hline 0 & A^{(2)} \end{array} \right)$$

です. すると, $U_g = U_g^{(1)} \oplus U_g^{(2)}$ はユニタリー作用素になります. また,

$$U_{g_1} U_{g_2} = \left(U_{g_1}^{(1)} \oplus U_{g_1}^{(2)} \right) \left(U_{g_2}^{(1)} \oplus U_{g_2}^{(2)} \right)$$
$$= \left(U_{g_1 g_2}^{(1)} \oplus U_{g_1 g_2}^{(2)} \right)$$
$$= U_{g_1 g_2}$$

が成り立つので, $g \mapsto U_g$ は $\mathcal{H}_1 \oplus \mathcal{H}_2$ 上の表現になります.

　ところが, $U_g^{(1)}$, $U_g^{(2)}$ のどちらかが, または両方とも射影表現だったらどうでしょうか. そのときは一般に

$$\left(U_{g_1}^{(1)} \oplus U_{g_1}^{(2)} \right) \left(U_{g_2}^{(1)} \oplus U_{g_2}^{(2)} \right) = \alpha^{(1)}(g_1, g_2) U_{g_1 g_2}^{(1)} \oplus \alpha^{(2)}(g_1, g_2) U_{g_1 g_2}^{(2)}$$

となって, $U_g^{(1)} \oplus U_g^{(2)}$ は射影表現ではないです. 例外的に, 2–コサイクル $\alpha^{(1)}$, $\alpha^{(2)}$ が一致すれば, 射影表現になります.

　$\alpha^{(1)}$, $\alpha^{(2)}$ が 2–コバウンダリだけしか違わないことを $\alpha^{(1)} \sim \alpha^{(2)}$ と書くことにしましょう. $\alpha^{(1)} \sim \alpha^{(2)}$ のときは, $U_g^{(1)}$ または $U_g^{(2)}$ の位相をとり直して $g \mapsto U_g^{(1)} \oplus U_g^{(2)}$ が射影表現となるようにすることができます.

　それでは, $\alpha^{(1)} \not\sim \alpha^{(2)}$ のときは $\mathcal{H}_1 \oplus \mathcal{H}_2$ 上では対称変換を考えてはいけないのでしょうか.

　あるオブザーバブル O_A があって, 対応する $\mathcal{H}_1 \oplus \mathcal{H}_2$ 上のエルミート作用素 A の行列が

$$\boldsymbol{A} = \left(\begin{array}{c|c} \boldsymbol{A}^{(1)} & \boldsymbol{B} \\ \hline \boldsymbol{B}^\dagger & \boldsymbol{A}^{(2)} \end{array} \right)$$

だとしましょう. $\psi = \psi_1 + \psi_2$ への作用は

$$A\psi = A^{(1)}\psi_1 + B\psi_2 + B^*\psi_1 + A^{(2)}\psi_2$$

と書けるでしょう. そこで, ψ を単位ベクトルとして,「状態 ψ に対称変換 $g_1 g_2$ を施した状態 ψ' における O_A の期待値」を考えましょう. ψ' は

$$\psi' = \psi_1' + \psi_2',$$
$$\psi_1' = U_{g_1 g_2}^{(1)} \psi_1,$$
$$\psi_2' = U_{g_1 g_2}^{(2)} \psi_2$$

ですから, その量は

$$m(O_A) = \langle \psi', A\psi' \rangle$$
$$= \langle \psi'_1, A^{(1)}\psi'_1 \rangle + \langle \psi'_2, A^{(2)}\psi'_2 \rangle$$
$$+ 2\,\mathrm{Re}\left(\langle \psi'_1, B\psi'_2 \rangle\right)$$

です. 最後の項は干渉効果を表しています. 一方で, 対称変換 $g_1 g_2$ が, 対称変換 g_2 に続けて対称変換 g_1 を施したと解釈すれば,

$$\psi' = \alpha^{(1)}(g_1, g_2)\psi'_1 + \alpha^{(2)}(g_1, g_2)\psi'_2$$

です. この解釈では,

$$m(O_A) = \langle \psi', A\psi' \rangle$$
$$= \langle \psi'_1, A^{(1)}\psi'_1 \rangle + \langle \psi'_2, A^{(2)}\psi'_2 \rangle$$
$$+ 2\,\mathrm{Re}\left(\alpha^{(1)}(g_1, g_2)^{-1}\alpha^{(2)}(g_1, g_2)\langle \psi'_1, B\psi'_2 \rangle\right)$$

となります. 一般に $\alpha^{(1)}(g_1, g_2) \neq \alpha^{(2)}(g_1, g_2)$ なので, 干渉効果を表す項だけ解釈によって違いが出てきます.

　$m(O_A)$ は測定量なので, 解釈によって違う値になるのは不合理です. そこで導かれる結論は, 「干渉効果を拾う B はゼロでなければならない」です. つまり, すべてのオブザーバブルに対して, 対応するエルミート作用素は, ブロック対角な $A = A^{(1)} \oplus A^{(2)}$ という形でなければならないということになります. これを超選択則といいます. 自然界には実際いくつかの超選択則があります.

　すべてのエルミート作用素が何らかのオブザーバブルに対応しているという考え方もありますが, 実際にはそうではなくて, 一部のエルミート作用素しかオブザーバブルには対応しません. 今いった原理的な制約があるわけです.

超選択則

　対称変換が群 G をなしていて, 互いに異なる 2-コチェインをもつ G の射影表現の表現空間 $\mathcal{H}_1, \ldots, \mathcal{H}_r$ の直和 $\mathcal{H}_1 \oplus \cdots \oplus \mathcal{H}_r$ が系の状態を記述するとき, 任意のオブザーバブル O_A に対して, 対応するエルミート作用素は $A = A^{(1)} \oplus \cdots \oplus A^{(r)}$ という形でなければならない. 各表現空間 $\mathcal{H}_i$ を, それぞれ超選択セクターという.

　ただし, 超選択則の起こる仕組みは他にも色々あって, ここで説明したのはその一例です.

　超選択則とは何かの説明として,「状態の重ね合わせができない場合があること」
だというのがあります. 鵜呑みにするとよくないので, 説明しておきましょう.

　超選択セクターが 2 つの場合を考えます. 単位ベクトル $\psi \in \mathcal{H}_1 \oplus \mathcal{H}_2$ は
$\psi = \psi_1 + \psi_2$ と分解できます. オブザーバブル O_A の期待値は,

$$m(O_A) = \left\langle \psi_1, A^{(1)}\psi_1 \right\rangle + \left\langle \psi_2, A^{(2)}\psi_2 \right\rangle$$

です. ψ_1 も ψ_2 もゼロベクトルではないとき, 密度作用素

$$W_{\psi_1} = \frac{\psi_1 \psi_1^*}{\|\psi_1\|^2}, \quad W_{\psi_2} = \frac{\psi_2 \psi_2^*}{\|\psi_2\|^2}$$

を考えると,

$$m(O_A) = \|\psi_1\|^2 \operatorname{Tr}(W_{\psi_1} A) + \|\psi_2\|^2 \operatorname{Tr}(W_{\psi_2} A)$$

となります. つまり, ψ であたえられる状態は, 混合状態と区別がつきません. 区
別がつかなかった理由は, オブザーバブルが干渉効果を拾わないような特別なも
のに制限されているからです. しかし, 区別がつかないということは, 混合状態だ
ということです. つまり, 今まで状態と密度作用素が 1 対 1 対応しているかのよ
うな説明をしていましたが, 本来は, 同じ測定結果をあたえる密度作用素の同値類
のことを状態といいます. そのことを今問題にしているわけです.

　超選択則があると, ベクトル状態は純粋状態だとは限らないわけです.

　仮に ψ_1 と ψ_2 が純粋状態だったとしても,「重ね合わせた状態は純粋状態では
ない」というところが, 言葉足らずに「状態の重ね合わせができない」という言
い方になりやすいのだと思います. 重ね合わせができないのは干渉性がないとい
う意味でしょうが, 状態ベクトルの線形結合をとってはいけないという意味にと
るとおかしなことになります.

　超選択則の例をあげておきます. $\mathcal{H}_1$ は, 角運動量が整数の状態のなす空間です.
具体的にはフェルミオンの個数が偶数個の状態からなる空間です. $\mathcal{H}_2$ は, フェ
ルミオンの個数が奇数個で, したがって角運動量が半整数の状態のなす空間です.
$\mathcal{H}_1$ は SO_3 の表現空間で, $\mathcal{H}_2$ は SO_3 の射影表現の表現空間です. この世界を記
述するには, フェルミオンが何個でもよい空間 $\mathcal{H}_1 \oplus \mathcal{H}_2$ を考えなければなりませ
ん. すると, フェルミオンの偶奇が異なる状態の間の干渉効果は観測することが
できないことになります. これを 1 価超選択則といいます.

9

グリーソンの定理

極大オブザーバブルの測定について考えてみましょう. 量子系の測定をすると き, 最も効率がよいのは極大オブザーバブルの測定です. このとき複素ユークリッ ド・ベクトル空間の正規直交基底 $e_1, \dots, e_n$ を 1 つ決めて射影作用素 $P_1, \dots, P_n$ に対応するオブザーバブル $O_{P_1}, \dots, O_{P_n}$ の多数回測定をします. 結局 O_{P_i} が測 定値 1 をとる確率 $f(e_i)$ がえられることになります. 状態が密度作用素 W で表 されるとき, ボルン則によれば $f(e_i) = \langle e_i, W e_i \rangle$ です. このとき, f は n 次元複 素ユークリッド・ベクトル空間の単位球面 S 上の互いに直交する n 点 $e_1, \dots, e_n$ の確率分布を表しています. 正規直交基底のとり方は自由なので, f は S 上の関 数になっています. つまり, $\alpha \in S$ として $f(\alpha) = \langle \alpha, W \alpha \rangle$ です. S 上の関数で, 互いに直交する n 点に関しては確率分布をあたえる関数 f は, ボルン則があたえ ているもの以外にはないというのがグリーソンの定理です.

■ 9.1 フレーム関数

ここでは, 複素または実のユークリッド・ベクトル空間を考えます. 実ユーク リッド・ベクトル空間 $\mathcal{H}$ とは内積 $\langle \, , \, \rangle : \mathcal{H} \times \mathcal{H} \to \mathbb{R}$ の備わった実ベクトル空間 のことです.

n 次元複素または実ユークリッド・ベクトル空間 $\mathcal{H}$ の単位球面を S と書きます.

$$S = \{\alpha \in \mathcal{H} | \|\alpha\| = 1\}$$

です. S 上のフレーム関数の全体像を明らかにしていきます.

> **(定義) フレーム関数**
>
> n 次元複素または実ユークリッド・ベクトル空間 $\mathcal{H}$ の単位球面 S 上の実数値関数 f は, 互いに直交する n 点 $\alpha_1, \dots, \alpha_n \in S$ での値の和が, その n 点の選び方によら

ない定数 w のとき, つまり

$$\sum_{i=1}^{n} f(\alpha_i) = w, \quad (\langle \alpha_i, \alpha_j \rangle = \delta_{ij}\ をみたす\ \alpha_1, \ldots, \alpha_n\ に対して)$$

のとき, 重み w のフレーム関数であるという.

　複素ユークリッド・ベクトル空間における重み 1 の非負のフレーム関数が密度作用素によるもの, つまり $f(\alpha) = \langle \alpha, W\alpha \rangle$ しかないというのがグリーソンの定理の内容です. この形のフレーム関数は正則だといいます.

(定義) 正則なフレーム関数

　$\mathcal{H}$ を複素または実ユークリッド・ベクトル空間とする. また, A を $\mathcal{H}$ 上のエルミート作用素とする ($\mathcal{H}$ が実ユークリッド・ベクトル空間のときも $\langle \alpha, A\beta \rangle = \langle A\alpha, \beta \rangle$ がいつでもみたされる作用素 A をエルミート作用素ということにする). S 上の関数

$$f(\alpha) = \langle \alpha, A\alpha \rangle$$

は重み $\mathrm{Tr}(A)$ のフレーム関数になるが, この形のフレーム関数は正則であるという.

■ 9.2　$\mathbb{R}^3$ のフレーム関数の連続性

　最初に調べるのは 3 次元実ユークリッド・ベクトル空間 $\mathbb{R}^3$ の単位球面上のフレーム関数です. このフレーム関数の振る舞いは今のところわかりません. 不連続に激しく変動するようなものかもしれません. 今からこれがある条件のもと, S 上で連続にならなければならないことをみます.

　$\mathbb{R}^3$ の単位球面 S は, 2 次元球面のことです. 地球の表面を想像するとよいです. S 上の重み w のフレーム関数 f を考えます. ある点 μ と μ を中心とする S 上の小さな開円板 U があったとします. U 上で,

$$|f(\alpha) - f(\beta)| \leq \epsilon, \quad (すべての\ \alpha, \beta \in S\ に対して)$$

が成り立つとしましょう. このことを f の U での変動が ϵ 以下だということにします.

　μ を北極としたときの赤道の任意の点 ν をとり, ν のまわりの f の様子を考えると, とても興味深いことがわかります (図 9.1). S 上の異なる 2 点 α, β に対して, $\mathrm{GC}(\alpha, \beta)$ で α, β を通る大円を表すことにします. そうすると $\mathrm{GC}(\mu, \nu)$ は ν を通る経線ということになります.

GC (μ, ν) 上, ν の少し南に λ をとります. ただし, GC (μ, ν) 上の λ と直交する点のうち, μ に近いほうの点 σ が U 内にあるようにしておきます. f はフレーム関数なので, $\tau \in S$ を μ, ν と直交する点とすると,

$$f(\mu) + f(\nu) + f(\tau) = w,$$
$$f(\sigma) + f(\lambda) + f(\tau) = w$$

より,

$$f(\mu) + f(\nu) = f(\sigma) + f(\lambda)$$

です.

ν を中心とする小さな開円板 V を考えます. $\nu' \in V$ を任意に選び, GC (λ, ν') 上に λ と直交する点 σ' と ν' に直交する点 μ' をとります. σ', μ' のいずれも北極 μ に近いほうの点をとります. 同じように $\nu'' \in V$ を任意に選び, GC (λ, ν'') 上に λ と直交する点 σ'' と ν'' に直交する点 μ'' をとります. V が十分小さければ, ν', ν'' をどうとっても $\sigma', \sigma'', \mu', \mu'' \in U$ となるようにできます. このときもやはり,

$$f(\mu') + f(\nu') = f(\sigma') + f(\lambda),$$
$$f(\mu'') + f(\nu'') = f(\sigma'') + f(\lambda)$$

です. したがって,

$$f(\mu') + f(\nu') - f(\sigma') = f(\mu'') + f(\nu'') - f(\sigma'') \, (= f(\lambda))$$

です. これから,

$$|f(\nu') - f(\nu'')| = |f(\mu'') - f(\mu') + f(\sigma') - f(\sigma'')|$$
$$\leq |f(\mu'') - f(\mu')| + |f(\sigma') - f(\sigma'')| \leq 2\epsilon$$

となっています.

今いえたことはこうです.

$\mathbb{R}^3$ のフレーム関数の変動 I

$\mathbb{R}^3$ のフレーム関数 f の $\mu \in S$ を中心とする S 上の開円板 U における変動が ϵ 以下のとき, μ から S 上 1/4 周離れた任意の点 ν について, ν を中心とする S 上の開円板 V があって, f の V での変動は 2ϵ 以下となる.

S 上の任意の点は, μ からスタートして S 上を 1/4 周, そこで必要なら方向転

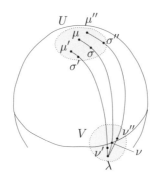

図 9.1 S 上の各点の配置.

換してまた 1/4 周することにより到達できます. すると, 次もいえます.

$\mathbb{R}^3$ のフレーム関数の変動 II

$\mathbb{R}^3$ の単位球面 S 上に開円板 U があり, フレーム関数 f の U での変動が ϵ 以下のとき, S 上の任意の点について, その点を中心とする S 上の開円板 V があって, f の V での変動は 4ϵ 以下となる.

上の性質は, 連続関数なら当たり前に備えているものですが, フレーム関数が連続だと仮定していないのにもかかわらず, ここまでいえるというわけです. $\mathbb{R}^3$ のフレーム関数が連続だというためには, あと一歩です. 任意の $\epsilon > 0$ に対して, 変動が ϵ 以下となる開円板が S 上に 1 つとれればよいです. 非負のフレーム関数に対しては, それができます. これからみてみましょう.

$\mathbb{R}^3$ の非負のフレーム関数 f があったとします. $\{f(\alpha)|\alpha \in S\}$ の下限を $a \geq 0$ としましょう. つまり, a は S 上 $f(\alpha) \geq b$ が成り立つ $b \in \mathbb{R}$ のうち最大の数です. f がフレーム関数なら, $f - a$ もフレーム関数です. 以下は f の S 上の開円板での変動について調べるのですが, 変動については, $f - a$ も f も同じです. そこで, 最初から f は S 上の下限が 0 のフレーム関数としておきます.

$\epsilon > 0$ を任意にとります. f は下限が 0 なので, $\mu \in S$ があって,

$$f(\mu) < \epsilon$$

となっています. μ を北極にとり, 南極は μ' としておきます.

R を地軸に対して東方向に 90° 回転する変換とします. f の重みを w とすれば,

$$g(\alpha) = f(\alpha) + f(R\alpha)$$

が重み $2w$ の非負のフレーム関数になっているのはすぐに確かめられます. それ

には, $\alpha_i \in S$, $(i = 1, 2, 3)$ が互いに直交するなら, $R\alpha_i$, $(i = 1, 2, 3)$ も互いに直交する S 上の 3 点だということに注意すればよいです.

赤道上の任意の点 ν 上で,

$$g(\nu) = f(\nu) + f(R\nu) = w - f(\mu)$$

です. 赤道上 g は一定というわけです.

μ, μ' 以外の点 λ について, λ で緯線と接する大円を EW (λ) と書くことにします (図 9.2). EW (λ) と赤道との交点の 1 つを ν とします. λ と ν は直交しています. g は重み $2w$ の非負のフレーム関数なので,

$$2w \geq g(\lambda) + g(\nu) = g(\lambda) + w - f(\mu)$$

です. したがって, 任意の $\lambda \neq \mu, \mu'$ に対しては,

$$g(\lambda) \leq w + f(\mu) < w + \epsilon$$

が成り立ちます.

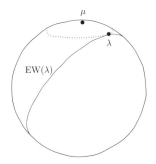

図 **9.2** 点線は λ を通る緯線. 実線は EW (λ).

それとは別に EW (λ) 上の直交する 2 点を任意にとり, それらを σ, τ とすると, g がフレーム関数ということから

$$g(\lambda) + g(\nu) = g(\sigma) + g(\tau)$$

です. これから,

$$g(\lambda) = g(\sigma) + g(\tau) - g(\nu) < g(\sigma) + w + \epsilon - (w - f(\mu)) < g(\sigma) + 2\epsilon$$

が, 任意の $\lambda \neq \mu, \mu'$ と, EW (λ) 上の任意の点 σ について成り立つとわかります.

非負のフレーム関数 g の下限を b とします. すると, $g(\gamma) < b + \epsilon$ となる点

$\gamma \in S$ があります. そして以下の集合

$$T = \{\alpha \in S| \; \gamma \in \mathrm{EW}\,(\beta) \text{ となる } \beta \text{ が存在して } \beta \in \mathrm{EW}\,(\alpha) \text{ となっている} \}$$

を考えます. この集合 T は γ のとり方で変わりますが, S のある領域となってい
て, 特に開円板 U を部分集合としてもちます. U は μ, μ' を含まないようにとっ
ておきます.

$\alpha \in U$ に対して, $\beta \in \mathrm{EW}\,(\alpha)$ とすると,

$$g(\alpha) < g(\beta) + 2\epsilon$$

です. β としては, $\beta \neq \mu, \mu'$ かつ $\gamma \in \mathrm{EW}\,(\beta)$ となるようなものをとれるので, そ
の場合

$$g(\beta) < g(\gamma) + 2\epsilon$$

です. したがって,

$$g(\alpha) < g(\gamma) + 4\epsilon < b + 5\epsilon$$

です. これが任意の $\alpha \in U$ で成り立ちます.

g の下限は b なので, g の U での変動は 5ϵ 以下だとわかりました. すると, [$\mathbb{R}^3$
のフレーム関数の変動 II] から, 北極 μ を中心とする開円板 V があって, g の V
での変動は 20ϵ 以下となります. $g(\mu) = 2f(\mu) < 2\epsilon$ なので, 任意の $\alpha \in V$ につ
いて $g(\alpha) < 22\epsilon$ です.

f が非負だということから, $f(\alpha) = g(\alpha) - f(R\alpha) < g(\alpha)$ なので, f の V での
変動も 22ϵ 以下です. フレーム関数 f に [$\mathbb{R}^3$ のフレーム関数の変動 II] を適用
すると, S の任意の点について, その点を中心とする S 上の開円板があって, その
開円上での f の変動は 88ϵ 以下となります. $\epsilon > 0$ は任意にとれたので, 次がいえ
ます.

▌ $\mathbb{R}^3$ の非負のフレーム関数の連続性
▌ $\mathbb{R}^3$ の非負のフレーム関数は連続関数となる.

■ 9.3 $\mathbb{R}^3$ のフレーム関数の正則性

2 次元球面 S 上の非負のフレーム関数が連続だということがいえました. さら
にこれが $f(\alpha) = \langle \alpha, A\alpha \rangle$ という 2 次形式のものしかないことがいえます. ここ

ではそうなる理由付けを細かいところはぬきにしてみていきましょう.

S 上の複素数値関数 f で, 互いに直交する任意の 3 点 x_i $(i = 1, 2, 3)$ に対して,

$$\sum_{i=1}^{3} f(x_i) = w \in \mathbb{C}$$

となるものを複素フレーム関数といいます. 以下では連続な複素フレーム関数のみを考えます. 連続な複素フレーム関数全体のなす集合を F としましょう.

f_1, $f_2 \in F$ とすると, a を複素数として $f_1 + a f_2 \in F$ だということは, フレーム関数の定義からすぐにわかります. このことは, F が複素ベクトル空間だといっています.

複素フレーム関数は回転させることができます. R を $\mathbb{R}^3$ の原点を中心とする回転操作とします. 回転操作全体のなす集合は SO_3 という「群」になっています. 群論になじみのない人は, 操作の「合成」が定義されている集合だと思ってください. 複素フレーム関数 f が回転できるとは, それを回転した S 上の新しい関数 $D_R f$ を

$$D_R f(\alpha) := f(R^{-1}\alpha)$$

と定義すると, $D_R f$ も複素フレーム関数になっているということです. $R \in SO_3$ は 3 次元ベクトル α にとっては, 行列式 1 の 3 次の直交行列として作用しますが, 複素フレーム関数にも D_R として線形に作用しています. SO_3 が F に「作用する」というのは, $D_R(f_1 + a f_2) = D_R f_1 + a D_R f_2$ で, R_1, $R_2 \in SO_3$ に対して

$$(D_{R_1 R_2})f = D_{R_1}(D_{R_2}f)$$

が成り立つことを表しています. これは単に

$$[D_{R_1}(D_{R_2}f)](\alpha) = D_{R_2}f\left(R_1^{-1}\alpha\right) = f\left(R_2^{-1}R_1^{-1}\alpha\right)$$
$$= f\left((R_1 R_2)^{-1}\alpha\right) = [D_{R_1 R_2}f](\alpha)$$

のことです. 今, 複素フレーム関数 f は F のベクトルとして考えているので, $R \in SO_3$ は f に作用するときは, 何らかの行列 D_R になっていると思っています. このようなとき, $D_R f$ の D_R は $R \in SO_3$ の表現行列, あるいは単に表現だといい, ベクトル空間 F を表現空間といいます.

S 上の複素数値連続関数全体のなす集合 C も複素ベクトル空間になっています. F は C の部分ベクトル空間だということになります.

S 上の連続関数は, 球面調和関数の線形結合で書けます. $\mathbb{R}^3$ のデカルト座標

(x, y, z) の複素数値の l 次同次多項式 P で, ラプラス方程式

$$\left(\frac{\partial^2}{\partial x^2} + \frac{\partial^2}{\partial y^2} + \frac{\partial^2}{\partial z^2} \right) P(x, y, z) = 0$$

をみたすものを l 次の球関数といいます. それを S に制限したものが l 次の球面調和関数です. l 次の球面調和関数全体のなす空間を Q_l とすると, Q_l は $(2l + 1)$ 次元複素ベクトル空間になっています.

　連続な複素フレーム関数は球面調和関数の, 有限個の和とは限らない複素線形結合で書けます. SO_3 の表現に関する一般論から, Λ を非負の整数からなる集合として, F のベクトル f は

$$f = \sum_{l \in \Lambda} c_l Y_l, \quad (c_l \in \mathbb{C}, Y_l \in Q_l)$$

と一意的に書けることがわかっています. ここでは, この事実を認めることにします. 今知りたいのは, Λ がどんな集合かということです.

　Q_l 上の表現は既約だということはよく知られています. 具体的にいうと, 表現空間 F のベクトルに, 特定の l に対してもし1つでも Q_l に属するものがあれば, Q_l に属するベクトルはすべて F に属している, ということがわかっています.

　これを認めることにすると, $Y_l \in Q_l$ で複素フレーム関数ではないものが1つでも見つかれば, その l は Λ には入っていないことがわかります.

　奇数次球面調和関数が複素フレーム関数でないことなら簡単にわかります. なぜかというと, フレーム関数の性質から, $\alpha \in S$ に対して $f(\alpha) = f(-\alpha)$ が成り立つはずですが, 奇数次球面調和関数 Y に対しては $Y(\alpha) = -Y(-\alpha)$ だからです.

　$l = 4m = 4, 8, 12, \ldots$ のときを考えます.

$$Y_{4m} = \sum_{k=0}^{2m} (-1)^k \begin{pmatrix} 4m \\ 2k \end{pmatrix} x^{4m-2k} y^{2k}$$

は $4m$ 次球面調和関数です. 何のことはなくて, S 上の球面座標 (θ, ϕ) では, 単に $Y_{4m}(\theta, \phi) = \cos(4m\phi)$ のことです. これはフレーム関数ではありません. なぜなら, フレーム関数は赤道 $\theta = \pi/2$ に制限しても赤道上のフレーム関数になっているはずですが, $\cos(4m\phi)$ は赤道上のフレーム関数ではないからです. 実際

$$Y_{4m}\left(\frac{\pi}{2}, \phi \right) + Y_{4m}\left(\frac{\pi}{2}, \phi + \frac{\pi}{2} \right) = 2\cos(4m\phi)$$

となります. このことから, $l = 4, 8, 12, \ldots$ は Λ から除外されます.

　次は, $l = 4m + 2 = 6, 10, 14, \ldots$ を考えます.

$$Y_{4m+2} = [x^2 + y^2 - (8m+2)z^2]$$

$$\times \sum_{k=0}^{2m+1} (-1)^k \begin{pmatrix} 4m+2 \\ 2k \end{pmatrix} x^{4m-2k+2} y^{2k}$$

は $(4m+2)$ 次の球面調和関数になっています. これも赤道上で $Y_{4m+2} = \cos(4m\phi)$ となるので, フレーム関数ではないです. $l = 6, 10, 14, \dots$ も Λ から除外されます.

残ったのは $l = 0, 2$ です. 0 次の球面調和関数は, S 上の定数関数で, 複素フレーム関数です. 2 次の球面調和関数は,

$$x^2 - z^2, \quad y^2 - z^2, \quad xy, \quad xz, \quad yz$$

の複素線形結合で, 複素フレーム関数になっています. したがって, $\Lambda = \{0, 2\}$ だとわかりました. このことから, 複素フレーム関数 f は, $\boldsymbol{\alpha} = {}^t(x, y, z)$ を $\mathbb{R}^3$ の単位ベクトル, $\boldsymbol{B}$ を複素対称行列として,

$$f(x, y, z) = {}^t\boldsymbol{\alpha} \boldsymbol{B} \boldsymbol{\alpha}$$

という形だとわかります. これは,

$$f(x, y, z) = \frac{1}{3} \operatorname{Tr}(\boldsymbol{B}) + {}^t\boldsymbol{\alpha} \left(\boldsymbol{B} - \frac{1}{3} \operatorname{Tr}(\boldsymbol{B}) \boldsymbol{I} \right) \boldsymbol{\alpha}$$

と分解できて, 第 1 項が 0 次, 第 2 項が 2 次の球面調和関数になっていて, 重み $\operatorname{Tr}(\boldsymbol{B})$ の複素フレーム関数をあたえています.

連続な実のフレーム関数 f は, いつでもある連続な複素フレーム関数の実部になっているので, 上のことから, A をエルミート作用素 (成分で書くと実対称行列) を用いて

$$f(\alpha) = \langle \alpha, A\alpha \rangle$$

という形をしていることがわかりました.

そして, 前節の結果とあわせて, 次がいえたことになります.

2 次元球面上のフレーム関数

$\mathbb{R}^3$ の単位球面 S 上の非負のフレーム関数は正則である.

■ 9.4 高次元のフレーム関数

$\mathbb{R}^3$ の単位球面上の非負のフレーム関数は正則だとわかりました. 実は 3 次元

以上の複素ユークリッド・ベクトル空間の単位球面上の非負のフレーム関数は正則なものしかありません. これをみることが本来の目的ですが, それを達成しましょう.

なぜかここで考えるのは, 複素ユークリッド・ベクトル空間 $\mathbb{C}^2$ です. $\mathbb{C}^2$ の単位球面は

$$S = \left\{ \alpha = {}^t(x, y) \in \mathbb{C}^2 \,\middle|\, \|\alpha\| = |x|^2 + |y|^2 = 1 \right\}$$

です. $x = x_1 + ix_2$, $y = x_3 + iy_4$, $(x_1, x_2, x_3, x_4) \in \mathbb{R}^4$ とすると,

$$|x|^2 + |y|^2 = (x_1)^2 + (x_2)^2 + (x_3)^2 + (x_4)^2 = 1$$

なので, S は $\mathbb{R}^4$ の単位球面, つまり 3 次元球面です.

$\mathbb{C}^2$ の 2 次元の実部分ベクトル空間 $\mathcal{K}$ を考えます. もし任意の $\alpha, \beta \in \mathcal{K}$ に対して $\langle \alpha, \beta \rangle$ が実数なら, $\mathcal{K}$ はそれ自体, 実ユークリッド・ベクトル空間となります. そのような部分ベクトル空間を, 実部分ユークリッド・ベクトル空間ということにします.

$\langle \alpha, \beta \rangle \in \mathbb{R}$ となる, 1 次独立な $\alpha, \beta \in \mathcal{H}$ があったとします. それらの実の線形結合全体のなす集合は, 2 次元実部分ユークリッド・ベクトル空間になっています.

f を $\mathbb{C}^2$ の単位球面 S 上の重み w の非負のフレーム関数とします. f を $\mathbb{C}^2$ の任意の 2 次元実部分ユークリッド・ベクトル空間の単位球面 $S' \subset S$ に制限したとき, S' 上の正則なフレーム関数になっていると仮定します. こう仮定したときには, どんなことがいえるでしょうか.

f の S 上の上限を c とします. つまり c は $f(\alpha) \leq c'$ をみたす最小の c' のことです. f が連続だということが保証されているなら, c は f の最大値のことですが, 今はまだ最大値が存在するかどうかわからないので, 上限を考えています.

そうすると, $f(\alpha_k) \to c$ となる S の点列 $\{\alpha_k\}_{k=0,1,2,\dots}$ がとれます. S は $\mathbb{R}^4$ の単位球面, つまり $\mathbb{R}^4$ の有界な閉集合なので, 収束する部分列がとれます. これはボルツァーノ・ワイエルシュトラスの定理とよばれるものです. そこで, はじめから $\alpha_k \to e_1 \in S$ としておきます.

この点列を少し変形して, それぞれの k に対してベクトルのペア (α_k, e_1) が $\mathbb{C}^2$ の 2 次元実部分ユークリッド・ベクトル空間におさまるようにします. それには位相を変えてやればよいです.

$$e^{i\theta_k} = \frac{\langle \alpha_k, e_1 \rangle}{|\langle \alpha_k, e_1 \rangle|}$$

としても極限は変わらず, $e^{i\theta_k}\alpha_k \to e_1$ です. フレーム関数の性質から $f(e^{i\theta_k}\alpha_k) = f(\alpha_k)$ なので $f(e^{i\theta_k}\alpha_k) \to c$ もみたしています. 各 k について

$$\left\langle e^{i\theta_k}\alpha_k, e_1 \right\rangle = e^{-i\theta_k} \left\langle \alpha_k, e_1 \right\rangle \in \mathbb{R}$$

なので, $e^{i\theta_k}\alpha_k, e_1$ は $\mathbb{C}^2$ の 2 次元実部分ユークリッド・ベクトル空間に収まっています. この 2 次元実部分ユークリッド・ベクトル空間は k ごとに決まるので, $\mathcal{K}_k$ としておきます.

仮定から, f は $\mathcal{K}_k$ の単位球面 S'_k に制限すると, 重み w の非負の正則フレーム関数になるのでした. S'_k 上で

$$f(\alpha) = \langle \alpha, A_k\alpha \rangle$$

だとします. A_k は $\mathbb{C}^2$ 上のエルミート作用素で, 固有値は非負です. ただし, A_k の正規直交基底による成分は実対称行列になっています. $w = \mathrm{Tr}\,(A_k)$ なので, その固有値は w 以下です. すると, $\alpha \in \mathbb{C}^2$ に対して $\|A_k\alpha\| \leq w\|\alpha\|$ です. さて, $\mu, \nu \in S'_k$ に対して

$$\langle \mu - \nu, A_k(\mu + \nu) \rangle = \langle \mu, A_k\mu \rangle - \langle \nu, A_k\nu \rangle + \langle \mu, A_k\nu \rangle - \langle \nu, A_k\mu \rangle$$
$$= f(\mu) - f(\nu)$$

に注意すると, シュバルツの不等式より

$$|f(\mu) - f(\nu)| = \left| \langle \mu - \nu, A_k(\mu + \nu) \rangle \right|$$
$$\leq \|\mu - \nu\| \ \|A_k(\mu + \nu)\|$$
$$\leq w\|\mu - \nu\| \ \|\mu + \nu\| \leq 2w\|\mu - \nu\|$$

がいえます. これから,

$$|f(e_1) - c| \leq |f(e_1 - f(e^{i\theta_k}\alpha_k)| + |f(e^{i\theta_k}\alpha_k) - c|$$
$$\leq 2w \left\| e_1 - e^{i\theta_k}\alpha_k \right\| + |f(e^{i\theta_k}\alpha_k) - c|$$

ですが, $k \to \infty$ で右辺は 0 なので, $f(e_1) = c$ だとわかりました. つまり, c は実際 S 上のフレーム関数 f の最大値になっています.

次は S 上で定義されている f を, $\mathbb{C}^2$ 上の関数として以下のように拡張します. $\alpha \in \mathbb{C}^2$ に対して

$$\widetilde{f}(\alpha) = \begin{cases} \|\alpha\|^2 f\left(\dfrac{\alpha}{\|\alpha\|}\right), & (\alpha \neq 0) \\ 0, & (\alpha = 0) \end{cases}$$

$\mathcal{K}$ を $\mathbb{C}^2$ の 2 次元実部分ユークリッド・ベクトル空間とします. $\mathcal{K}$ の単位球面 S' 上で f は正則なので, ゼロでない $\alpha \in \mathcal{K}$ に対して, $\widetilde{f}$ は

$$\widetilde{f}(\alpha) = \|\alpha\|^2 f\left(\frac{\alpha}{\|\alpha\|}\right) = \|\alpha\|^2 \left\langle \frac{\alpha}{\|\alpha\|}, A\frac{\alpha}{\|\alpha\|} \right\rangle = \langle \alpha, A\alpha \rangle$$

と, 2 次形式になっています.

$e_2 \in \mathbb{C}^2$ を, e_1 と直交する単位ベクトルとします. e_1, e_2 は $\mathbb{C}^2$ の正規直交基底です. $\psi \in \mathbb{C}^2$ の e_1, e_2 に関する成分を $\psi_i = |\psi_i|e^{i\theta_i} \in \mathbb{C}$, $(i = 1, 2)$ とします. $e_2' = e^{i(\theta_2 - \theta_1)}e_2$ とすると,

$$\psi = e^{i\theta_1}(|\psi_1|e_1 + |\psi_2|e_2')$$

です. e_1, e_2' の実の線形結合は $\mathbb{C}^2$ の 2 次元実ユークリッド・ベクトル空間をなします. それを $\mathcal{K}$ とします.

フレーム関数 f は $\mathcal{K}$ の単位球面 S' 上で正則なフレーム関数です. f は S' 上 e_1 で最大値 c をとります. $f(e_2') = w - c$ ですが, これは f の最小値となっているはずです. このことから, $\mathcal{K}$ 上で $\widetilde{f}$ は

$$\widetilde{f}(|\psi_1|e_1 + |\psi_2|e_2') = c|\psi_1|^2 + (w - c)|\psi_2|^2$$

という形だとわかります.

$\widetilde{f}$ の定義とフレーム関数の性質から, $\alpha \neq 0$ に対して

$$\widetilde{f}(e^{i\theta}\alpha) = \|\alpha\|^2 f\left(e^{i\theta}\frac{\alpha}{\|\alpha\|}\right) = \|\alpha\|^2 f\left(\frac{\alpha}{\|\alpha\|}\right) = \widetilde{f}(\alpha)$$

です. したがって, 任意の $\psi \in \mathbb{C}^2$ に対して

$$\widetilde{f}(\psi) = \widetilde{f}\left(e^{i\theta_1}(|\psi_1|e_1 + |\psi_2|e_2')\right) = c|\psi_1|^2 + (w - c)|\psi_2|^2$$

が成り立ちます. これは, $\widetilde{f}$ が $\mathbb{C}^2$ 全体で 2 次形式で, したがって f が正則だということを意味します. 次のことがいえたことになります.

$\mathbb{C}^2$ の単位球面上の非負のフレーム関数

$\mathbb{C}^2$ の単位球面 S 上の非負のフレーム関数は, 任意の 2 次元実ユークリッド・ベクトル空間上の単位球面上に制限したときに正則ならば, S 上で正則.

このことから, 高次元のフレーム関数についてかなり絞ることができます. 3 次元以上の複素ユークリッド・ベクトル空間 $\mathcal{H}$ を考え, f を $\mathcal{H}$ の単位球面 S 上の非負のフレーム関数とします.

$\mathcal{L}$ を $\mathcal{H}$ の 2 次元複素部分ユークリッド・ベクトル空間としましょう. $\mathcal{L}$ の正規

直交基底を e_1, e_2 と 1 組選ぶと, それらの実線形結合を考えることにより $\mathcal{L}$ の 2 次元実部分ユークリッド・ベクトル空間 $\mathcal{K}^2$ が 1 つ決まります. 今, $\mathcal{H}$ の次元は 3 以上なので, $e_3 \in \mathcal{H}$ を選んで, $\langle e_i, e_j \rangle = \delta_{ij}$, $(i, j = 1, 2, 3)$ とできます. つまり, $\mathcal{L}$ の 2 次元実部分ユークリッド・ベクトル空間はいつでも $\mathcal{H}$ のある 3 次元実部分ユークリッド・ベクトル空間 $\mathcal{K}^3$ に含まれています. つまり, その 3 次元実部分ユークリッド・ベクトル空間 $\mathcal{K}^3$ というのは e_1, e_2, e_3 の実線形結合全体のことです.

f を $\mathcal{K}^3$ の単位球面 $S_{\mathcal{K}^3}$ に制限したものは, 非負のフレーム関数になっていることに注意しましょう. すると, f は S' の正則なフレーム関数です. それを $\mathcal{K}^2$ の単位球面 $S_{\mathcal{K}^2}$ に制限したものもまた, 正則なフレーム関数です. $\mathcal{K}^2$ は $\mathcal{L}$ の 2 次元実部分ユークリッド・ベクトル空間として任意だったので, 先ほどの結果から, f は $\mathcal{K}^2$ の単位球面上 $S_{\mathcal{K}^2}$ 上でも正則なフレーム関数です. ここまででいえたことは次にまとめることができます.

高次元の非負フレーム関数

$n \geq 3$ として, n 次元複素ユークリッド・ベクトル空間の単位球面上の非負のフレーム関数は, 任意の 2 次元複素部分ユークリッド・ベクトル空間の単位球面に制限すれば, 正則である.

あとは, 任意の 2 次元複素部分ユークリッド・ベクトル空間の単位球面への制限が正則となる, 非負のフレーム関数が結局どのようなものかを調べればよいことになります.

あらためて, f を 3 次元以上の複素ユークリッド・ベクトル空間 $\mathcal{H}$ の単位球面 S 上の非負のフレーム関数だとします. $\mathcal{H}$ の 2 次元複素部分ユークリッド・ベクトル空間 $\mathcal{L}$ の単位球面 $S_{\mathcal{L}}$ に制限すれば, f は正則です. f の定義域を $\mathcal{H}$ 全体に拡張したものを $\widetilde{f}$ とすると, $\widetilde{f}$ は $\mathcal{L}$ 上では, $\mathcal{L}$ ごとに決まるエルミート作用素 $A_{\mathcal{L}}$ を用いて

$$\widetilde{f}(\alpha) = \langle \alpha, A_{\mathcal{L}} \alpha \rangle$$

という 2 次形式に書けます.

このような性質をもつ関数 $\widetilde{f}$ は, $\mathcal{H}$ 全体で 2 次形式になっているもの以外にあるでしょうか？　答えはノーなのですが, それを示します.

$\mathcal{H}$ の 2 点関数 $h: \mathcal{H} \times \mathcal{H} \to \mathbb{C}$ を,

$$h(\alpha, \beta) = \langle \alpha, A_{\mathcal{L}(\alpha, \beta)} \beta \rangle$$

で定義します. ただし, $\mathcal{L}(\alpha, \beta)$ は α, β を含む 2 次元複素部分ユークリッド・ベクトル空間です.

まず, これがきちんと定義されているかどうか確かめておきましょう. α, β が 1 次独立なら $\mathcal{L}(\alpha, \beta)$ は一意的に決まるので問題ないですが, $\beta = a\alpha$, $(a \in \mathbb{C})$ のときはどうでしょうか. このときは, $h(\alpha, a\alpha) = a\widetilde{f}(\alpha)$ となります. つまり, $\mathcal{L}(\alpha, a\alpha)$ としては, α を含むものを 1 つとってくるという意味にとれば, h は矛盾なく定義できています.

h は 2 次形式の形にみえますが, $A_{\mathcal{L}(\alpha, \beta)}$ が α にも β にもよっているかもしれないので, この時点ではまだそうとは限りません. 実はよらないのですが, それをみてみましょう.

h が第 2 スロットに関して線形かどうかに着目します.

$$h(\alpha, a\beta) = ah(\alpha, \beta), \quad (a \in \mathbb{C})$$

はすぐにわかります.

$$\overline{h(\alpha, \beta)} = h(\beta, \alpha)$$

にも注意しておきます.

問題は, $h(\alpha, \beta + \gamma) = h(\alpha, \beta) + h(\alpha, \gamma)$ となるかどうかです.

$$\widetilde{f}(\alpha + \beta) = \widetilde{f}(\alpha) + \widetilde{f}(\beta) + 2\operatorname{Re} h(\alpha, \beta)$$

はすぐに示せます. これから,

$$\widetilde{f}(\alpha + \beta) + \widetilde{f}(\alpha - \beta) = 2\widetilde{f}(\alpha) + 2\widetilde{f}(\beta),$$
$$\widetilde{f}(\alpha + \beta) - \widetilde{f}(\alpha - \beta) = 4\operatorname{Re} h(\alpha, \beta)$$

も示せます. これらを使うと,

$$\begin{aligned}
\operatorname{Re}\left(h(\alpha, \beta) + h(\alpha, \gamma)\right) &= \frac{1}{4}\left[\widetilde{f}(\alpha + \beta) - \widetilde{f}(\alpha - \beta) + \widetilde{f}(\alpha + \gamma) - \widetilde{f}(\alpha - \gamma)\right] \\
&= \frac{1}{8}\left[\widetilde{f}(2\alpha + \beta + \gamma) + \widetilde{f}(\beta - \gamma) \right. \\
&\qquad \left. - \widetilde{f}(2\alpha - \beta - \gamma) - \widetilde{f}(\beta - \gamma)\right] \\
&= \operatorname{Re}\left(h(\alpha, \beta + \gamma)\right)
\end{aligned}$$

となります. 上の式で, α のかわりに $i\alpha$ とすると,

$$\mathrm{Im}\,(h(\alpha, \beta) + h(\alpha, \gamma)) = \mathrm{Im}\,(h(\alpha, \beta + \gamma))$$

がえられます. したがって,

$$h(\alpha, \beta + \gamma) = h(\alpha, \beta) + h(\alpha, \gamma)$$

となり, h は第 2 スロットに関して線形だとわかりました. $\overline{h(\alpha, \beta)} = h(\beta, \alpha)$ から, 第 1 スロットに関しては共役線形です. このことから, h は $\mathcal{H}$ 上のエルミート作用素 A を用いて

$$h(\alpha, \beta) = \langle \alpha, A\beta \rangle$$

と書けることがわかりました.

長かったですが, 以上で最終結論に達しました.

グリーソンの定理

$n \geq 3$ として, n 次元複素ユークリッド・ベクトル空間の単位球面上の非負のフレーム関数は正則である. つまり, A を正作用素として,

$$f(\alpha) = \langle \alpha, A\alpha \rangle$$

の形になっている.

10
スピン・統計定理

　基本粒子はボゾンかフェルミオンのどちらかです．物質は陽子と中性子と電子からなっていて，陽子と中性子はさらにクォークからなっています．これらはすべてフェルミオンです．光子は電磁気力を媒介する粒子で，ボゾンです．このボゾンやフェルミオンという分類は，ボーズ統計，フェルミ統計という，同種粒子からなる多体系のしたがう統計性を表す言葉です．

　原子のまわりの電子はパウリの排他原理にしたがいます．つまり，1つの軌道をスピンがアップとダウンの2つの電子が占めてしまったらその軌道は満員になります．このことは，原子の周期律を説明しますし，物質の安定性の担保になっています．

　パウリの排他原理は，一般にスピンが半整数の粒子はフェルミ統計にしたがうということだと言い換えることができます．このことは誰もが知っていることですが，ほとんどすべての人はその理由を知りません．そのことをパウリは一般的に示しているのですが，証明を理解するにはスピノールの知識が必要なので，量子力学の教科書には書いてありません．

　この章の目的は，パウリの排他原理を理解することです．そのためだけに，2成分スピノールについて丁寧に説明したのち，パウリによるスピン・統計定理の証明について解説します．

■ 10.1　ローレンツ変換

　自然法則はどの慣性系を用いても同じ形で記述されます．これが特殊相対性原理です．慣性系というのは，時空の座標系 $(x^0, x^1, x^2, x^3) = (ct, x, y, z)$ で，2点 $P : (x^0, x^1, x^2, x^3)$，$Q : (y^0, y^1, y^2, y^3)$ の間の「不変間隔」が

$$d(P,Q)^2 = (x^0 - y^0)^2 - (x^1 - y^1)^2 - (x^2 - y^2)^2 - (x^3 - y^3)^2$$

となるようなもののことです. この式はよく,

$$\Delta s^2 = \sum_{\mu,\nu=0}^{3} \eta_{\mu\nu}\Delta x^\mu \Delta y^\nu,$$

$$\eta_{\mu\nu} := \mathrm{diag}(1,-1,-1,-1)$$

と書かれます. 2 点間が無限小だとして,

$$ds^2 = \eta_{\mu\nu}dx^\mu dx^\nu$$

とも書きます. 普通, 和をとることがわかりきっているときは, 和の記号は省略します. 不変間隔 ds^2 は距離の 2 乗に似ていますが, 負の値をとることもあります. この章では, 不必要に式を複雑にしたくないので, $\hbar = c = 1$ となる単位系をとります.

　座標の 1 次変換

$$x^\mu = \Lambda^\mu{}_\nu x'^\nu$$

によって, 不変間隔は

$$ds^2 = \eta_{\mu\nu}\Lambda^\mu{}_\lambda \Lambda^\nu{}_\rho dx'^\lambda dx'^\rho$$

と変換します. x'^μ が慣性系であるための必要十分条件は,

$$\eta_{\mu\nu}\Lambda^\mu{}_\lambda \Lambda^\nu{}_\rho = \eta_{\lambda\rho}$$

です. これがみたされる $\Lambda^\mu{}_\nu$ による座標変換を, ローレンツ変換といいます. また, ローレンツ変換全体のなす集合は, 合成によってリー群の構造をもちます. それをローレンツ群といいます.

> **(定義) ローレンツ群**
>
> 　$\eta_{\mu\nu}$ を不変にする 1 次変換全体からなる集合のなす群
>
> $$O_{3,1} := \left\{ \boldsymbol{\Lambda} \in M_4(\mathbb{R}) \,\middle|\, {}^t\boldsymbol{\Lambda}\boldsymbol{\eta}\boldsymbol{\Lambda} = \boldsymbol{\eta} \right\}$$
>
> 　をローレンツ群という.

　この中には, 空間反転

$$P^\mu{}_\nu = \mathrm{diag}(1,-1,-1,-1)$$

や, 時間反転

$$T^\mu{}_\nu = \mathrm{diag}(-1, 1, 1, 1)$$

も含まれています．あと，純粋な空間回転もローレンツ変換のうちに入るので，SO_3 は $O_{3,1}$ の部分群です．部分群とは，群の部分集合で，同じ演算でそれ自体が群になっているもののことです．

　よく考える部分群は，

$$SO_{3,1} := \left\{ \boldsymbol{\Lambda} \in O_{3,1} \,\middle|\, \det \boldsymbol{\Lambda} = 1 \right\}$$

と

$$SO_{3,1}^+ := \left\{ \boldsymbol{\Lambda} \in SO_{3,1} \,\middle|\, \Lambda^0{}_0 > 0 \right\}$$

です．$SO_{3,1}^+$ は，恒等変換 I から $O_{3,1}$ 内で連続変形してできる変換全体のなす集合と一致しています．ですから，SO_3 は $SO_{3,1}^+$ の部分群ですが，P, T, PT は $SO_{3,1}^+$ には属していません．実際 $O_{3,1}$ は，I のいる島，P のいる島，T のいる島，PT のいる島の 4 つの島からなります．島というのは，位相空間論の言葉では連結成分のことで，連続変形で移り変われるものどうしを集めたものという意味です．

　$G = SO_{3,1}^+$ は制限ローレンツ群といいますが，電子や光子などの基本粒子のスピンは G の特定の表現に対応しています．

　G の元を抽象的なローレンツ変換 Λ だとみなし，Λ に G を定義した 4 次の実正方行列を対応させることを

$$\rho^{(1,0)} : \Lambda \longmapsto \Lambda^\mu{}_\nu$$

と書きましょう．$\rho^{(1,0)}$ と書いた理由はあとでわかります．$\rho^{(1,0)}(\Lambda)$ は 4 次元実ベクトル空間 $V = \mathbb{R}^4$ に

$$\rho^{(1,0)}(\Lambda) : u^\mu \longmapsto \Lambda^\mu{}_\nu u^\nu$$

と作用しますので，V は G の定義表現の表現空間です．V のベクトルは反変ベクトルとよばれます．

　$\Lambda \in G$ に対して，

$$\rho^{(0,1)} : \Lambda \longmapsto {}^t\!\left(\boldsymbol{\Lambda}^{-1} \right)$$

とすると，

$$\begin{aligned}
\rho^{(0,1)}(\Lambda_1 \Lambda_2) &= {}^t[(\boldsymbol{\Lambda}_1 \boldsymbol{\Lambda}_2)^{-1}] = {}^t[(\boldsymbol{\Lambda}_2)^{-1}(\boldsymbol{\Lambda}_1)^{-1}] \\
&= {}^t\!\left(\boldsymbol{\Lambda}_1^{-1} \right) {}^t\!\left(\boldsymbol{\Lambda}_2^{-1} \right) = \rho^{(0,1)}(\Lambda_1) \rho^{(0,1)}(\Lambda_2)
\end{aligned}$$

ですので, これも G の演算の構造を保っています. $\rho^{(0,1)}(\Lambda)$ の表現空間を $V^* = \mathbb{R}^4$ と書きます. 同じ $\mathbb{R}^4$ ですが, V とは別のものです.

$$\rho^{(0,1)}(\Lambda)_\mu{}^\nu = \Lambda_\mu{}^\nu$$

と書いて, この作用を

$$\rho^{(0,1)}(\Lambda) : v_\mu \longmapsto \Lambda_\mu{}^\nu v_\nu$$

と書きます. V^* のベクトル u_μ を共変ベクトルといいます.

一般の表現は,

$$T^{\mu_1\cdots\mu_p}{}_{\nu_1\cdots\nu_q}, \quad (\mu_1,\ldots,\mu_p,\nu_1,\ldots,\nu_q = 0,1,2,3)$$

という成分をもつ 4^{p+q} 次元の実ベクトルに対して

$$\rho^{(p,q)}(\Lambda) : T^{\mu_1\cdots\mu_p}{}_{\nu_1\cdots\nu_q} \longmapsto \Lambda^{\mu_1}{}_{\lambda_1}\cdots\Lambda^{\mu_p}{}_{\lambda_p}\Lambda_{\nu_1}{}^{\rho_1}\cdots\Lambda_{\nu_q}{}^{\rho_q}T^{\lambda_1\cdots\lambda_p}{}_{\rho_1\cdots\rho_q}$$

と作用するものです. このように作った表現をテンソル積表現, 上のベクトル $\boldsymbol{T}$ をローレンツ・テンソルといいます.

■ 10.2 制限ローレンツ群の射影表現

7 章では, SO_3 の表現空間は角運動量の状態を記述する複素ユークリッド・ベクトル空間だと思っていましたが, 今からする話では, 制限ローレンツ群 G の表現ベクトルは, 状態を記述する複素ユークリッド・ベクトル空間に限定する必要はありません.

ローレンツ変換 $\Lambda^\mu{}_\nu \in O_{3,1}$ は

$$\eta_{\mu\nu}x^\mu x^\nu = (x^0)^2 - (x^1)^2 - (x^2)^2 - (x^3)^2$$

を不変にする u^μ の 1 次変換です.

$x^\mu \in \mathbb{R}^4$ に, 2 次のエルミート行列

$$\boldsymbol{X} = x^0\boldsymbol{I} + x^1\boldsymbol{\sigma}_1 + x^2\boldsymbol{\sigma}_2 + x^3\boldsymbol{\sigma}_3 = \begin{pmatrix} x^0 + x^3 & x^1 - ix^2 \\ x^1 + ix^2 & x^0 - x^3 \end{pmatrix}$$

が対応します.

$$\det\boldsymbol{X} = \eta_{\mu\nu}x^\mu x^\nu$$

に注意しましょう. $\boldsymbol{A}$ を行列式が 1 の 2 次の複素正方行列とすると,

$$X \longmapsto AXA^{\dagger}$$

は行列式を変えません. また, x^{μ} に関して実線形になっています. したがって,

$$SL_2(\mathbb{C}) = \left\{ A \in M_2(\mathbb{C}) \middle| \det A = 1 \right\}$$

とすると, $SL_2(\mathbb{C})$ の元は何らかのローレンツ変換に対応していることになります. ただし $SL_2(\mathbb{C})$ は 1 つの島からなるので, そのローレンツ変換は G のローレンツ変換になっているはずです. $SL_2(\mathbb{C})$ はリー群の構造をもっていて, 2 次の複素特殊線形群といいます.

A と B が同じローレンツ変換をあたえているとすると,

$$AXA^{\dagger} = BXB^{\dagger}$$

より,

$$A^{-1}BX(A^{-1}B)^{\dagger} = X$$

です. 具体的に計算してみればすぐにわかりますが, 任意のエルミート行列 X に対して

$$CXC^{\dagger} = X$$

をみたす $C \in SL_2(\mathbb{C})$ は $C = \pm I$ しかありません. これから,

$$B = \pm A$$

です.

$\lambda > 0$ に対して

$$(B_\lambda)^{\mu}{}_{\nu} = \begin{pmatrix} (\lambda^2 + \lambda^{-2})/2 & 0 & 0 & (\lambda^2 - \lambda^{-2})/2 \\ 0 & 1 & 0 & 0 \\ 0 & 0 & 1 & 0 \\ (\lambda^2 - \lambda^{-2})/2 & 0 & 0 & (\lambda^2 + \lambda^{-2})/2 \end{pmatrix}$$

は G の元で, ローレンツ・ブーストといいます. また, $R \in SO_3$ は,

$$R^{\mu}{}_{\nu} = \begin{pmatrix} 1 & 0 & 0 & 0 \\ 0 & R^1{}_1 & R^1{}_2 & R^1{}_3 \\ 0 & R^2{}_1 & R^2{}_2 & R^2{}_3 \\ 0 & R^3{}_1 & R^3{}_2 & R^3{}_3 \end{pmatrix}$$

とすることにより, G の元だとみなすことができます.

$B_\lambda \in G$ は

$$C_\lambda = \begin{pmatrix} \lambda & 0 \\ 0 & \lambda^{-1} \end{pmatrix} \in SL_2(\mathbb{C})$$

によって実現できます. また, 空間回転 $R \in G$ は X のトレースを保つローレンツ変換で, 適当な $U \in SU_2$ によって実現できます.

任意の $\Lambda \in G$ は, $\Lambda = R'B_\lambda R, (R, R' \in SO_3)$ と書けることが知られているので, $U'C_\lambda U \in SL_2(\mathbb{C}), (U, U' \in SU_2)$ によって実現できます.

以上のことから, $\Lambda \in G$ にはちょうど 2 つの $SL_2(\mathbb{C})$ の元 $\pm A$ が対応することがわかりました.

符号をどちらか適当に選んで, この対応を

$$\rho : \Lambda \mapsto A$$

としましょう. このとき,

$$\rho(\Lambda_1 \Lambda_2) = \pm \rho(\Lambda_1)\rho(\Lambda_2)$$

となっていますので, $\rho : G \to SL_2(\mathbb{C})$ は射影表現です. これは SO_3 と SU_2 の関係と似ています. $SL_2(\mathbb{C})$ は $G = SO_{3,1}^+$ を 2 重に被覆したようなものだという意味で, スピン群 $Spin_{3,1}^+ = SL_2(\mathbb{C})$ だともいわれます. 同様に $Spin_3 = SU_2$ です.

制限ローレンツ群 $SO_{3,1}^+$ の射影表現

各 $\Lambda \in SO_{3,1}^+$ に $\rho(\Lambda) \in SL_2(\mathbb{C})$ が対応し, ローレンツ変換

$$x'^\mu = \Lambda^\mu{}_\nu x^\nu$$

は,

$$\begin{pmatrix} x'^0 + x'^3 & x'^1 - ix'^2 \\ x'^1 + ix'^2 & x'^0 - x'^3 \end{pmatrix} = \rho(\Lambda) \begin{pmatrix} x^0 + x^3 & x^1 - ix^2 \\ x^1 + ix^2 & x^0 - x^3 \end{pmatrix} \rho(\Lambda)^\dagger$$

という形に書ける. この対応 $\rho : SO_{3,1}^+ \to SL_2(\mathbb{C})$ は $SO_{3,1}^+$ の射影表現をあたえる.

■ 10.3 スピノール

射影表現 $\rho : G \to SL_2(\mathbb{C})$ の表現空間 $S = \mathbb{C}^2$ をスピノール空間とよぶことにしましょう. S のベクトルをスピノールといいます. S はただのベクトル空間ではなくて, シンプレクティック形式 ϵ を備えたシンプレクティック・ベクトル空

間 (S, ϵ) です. シンプレクティック形式とは, 非退化な双線形交代形式, つまり第 1 スロットに関しても第 2 スロットに関しても複素線形な写像 $\epsilon : S \times S \to \mathbb{C}$ で,

$$\epsilon(\alpha, \beta) = -\epsilon(\beta, \alpha)$$

をみたし, ある α, β に対して $\epsilon(\alpha, \beta) \neq 0$ となるものです. スピノール空間の適当な基底 e_0, e_1 をとれば, シンプレクティック形式の成分はいつでも

$$\epsilon_{01} = -\epsilon_{10} = 1, \quad \epsilon_{00} = \epsilon_{11} = 0$$

となるようにできます. 以後, 基底は常にこうなるものをとり, $e_0 = o, e_1 = \iota$ と書きます. したがって,

$$o^A = (1, 0), \quad \iota^A = (0, 1)$$

で,

$$\epsilon_{AB} o^A \iota^B = 1$$

がシンプレクティック形式を表しています.

$\alpha^A \in S$ に対して,

$$\alpha_B := \alpha^A \epsilon_{AB}$$

という成分をもつ 2 成分複素ベクトルを考えます.

$$\alpha^A = (a, b)$$

なら,

$$\alpha_A = (-b, a)$$

です. α_A は, $\beta^A \in S$ に対して

$$\alpha_A : \beta^A \longmapsto \alpha_A \beta^A = \epsilon_{AB} \alpha^A \beta^B \in \mathbb{C}$$

と作用する, 線形汎関数 $\epsilon(\alpha, \ )$ だといえます. S の線形汎関数全体のなす集合は, ベクトル空間になり, S の双対空間 S^* といいます. S^* の基底を

$$e^0 = -\epsilon(\iota, \ ) = (1, 0)$$

$$e^1 = \epsilon(o, \ ) = (0, 1)$$

とします. この基底のもとで,

$$\epsilon^{AB} = \begin{pmatrix} 0 & 1 \\ -1 & 0 \end{pmatrix}$$

とすると, これは S^* のシンプレクティック形式をあたえます. S, S^* のシンプレクティック形式は,

$$\epsilon_{AB} = o_A \iota_B - \iota_A o_B,$$
$$\epsilon^{AB} = o^A \iota^B - \iota^A o^B$$

とも書けます.

$\epsilon_{AB}, \epsilon^{AB}$ でスピノールの成分の添字を上げたり下げたりします. 同じシンボル α をもつ 2 つのスピノール α_A, α^A は,

$$\alpha^A = \epsilon^{AB} \alpha_B,$$
$$\alpha_A = \alpha^B \epsilon_{BA}$$

というルールによって, 互いに移り合うことにします. このルールの覚え方は, 和をとる成分がいつも,「北西–南東」の位置に並んでいるということです. 例えば,

$$\epsilon_{AB} \alpha^A \beta^B = \alpha_A \beta^A = -\alpha^A \beta_A$$

となります. いくつかのスピノール成分をもつ量, 例えば ϕ_{AB} などに対しては,

$$\phi^A{}_B = \epsilon^{AC} \phi_{CB}$$

などとします. ちょうど

$$\epsilon^{AB} = \epsilon^{AC} \epsilon^{AD} \epsilon_{CD}$$

となっていて, ϵ^{AB} は, ϵ_{AB} の添字を両方とも上にもってきたものになっています. また,

$$\epsilon_A{}^B = -\epsilon^B{}_A = \epsilon_{AC} \epsilon^{BC} = \delta_A^B$$

と, ϵ の左の成分が下にある $\epsilon_A{}^B$ がクロネッカー・デルタになっていることに注意しておきましょう.

S^* は $G = SO_{3,1}^+$ のもうひとつの表現空間になっています. それは,

$$\rho^* : \Lambda \longmapsto {}^t[\rho(\Lambda)^{-1}]$$

であたえられます. これの成分は,

$$\rho^*(\Lambda)_A{}^B = \rho(\Lambda)_A{}^B \left(= \epsilon_{AC} \epsilon^{BD} \rho(\Lambda)^C{}_D \right)$$

であたえられます. 実際,

$$\epsilon^{CE} \phi^A{}_C \phi^B{}_E = \epsilon^{AB} \det \phi$$

に注意すると,

$$\left[\rho(\Lambda) \, {}^{t}\rho^{*}(\Lambda) \right]^{A}{}_{B} = \rho(\Lambda)^{A}{}_{C}\rho(\Lambda)_{B}{}^{C} = \rho(\Lambda)^{A}{}_{C}\epsilon_{BD}\epsilon^{CE}\rho(\Lambda)^{D}{}_{E}$$

$$= \epsilon_{BD}\epsilon^{AD} \det \rho(\Lambda) = \delta_{B}^{A}$$

となっています. ρ^{*} を ρ の双対表現, ないし反傾表現といいます.

ρ の複素共役表現というのもあります. それは,

$$\overline{\rho} : \Lambda \longmapsto \overline{\rho(\Lambda)}$$

であたえられます. これが表現なのは,

$$\overline{\rho}(\Lambda_1\Lambda_2) = \overline{\rho(\Lambda_1\Lambda_2)} = \overline{\rho(\Lambda_1)\rho(\Lambda_2)} = \overline{\rho(\Lambda_1)} \; \overline{\rho(\Lambda_2)} = \overline{\rho}(\Lambda_1)\overline{\rho}(\Lambda_2)$$

から明らかです. 表現空間を $\overline{S}$ とし, 基底を $\overline{o}^{A'} = {}^{t}(1,0)$, $\overline{\iota}^{A'} = {}^{t}(0,1)$ とします. $\overline{S}$ のベクトルを点付きスピノールといい, 成分にはダッシュをつけて $\alpha^{A'}$ のように表します. 点付きというのは, $\alpha^{\dot{A}}$ のように成分に上付きの点をつけて書く流儀があるからです. ただ, 印刷では見にくいので, ここではダッシュを使います.

S と $\overline{S}$ の間に, 共役線形な全単射 K を定義します. それには,

$$K : \alpha^{0}o + \alpha^{1}\iota \longmapsto \overline{\alpha^{0}}\overline{o} + \overline{\alpha^{1}}\overline{\iota}$$

として, $K(\alpha)$ を $\overline{\alpha}$ と書きます. 「バー」が K と複素共役の 2 通りの意味に使われていることに注意してください. 逆写像 $K^{-1} : \overline{S} \to S$ も共役線形で, 同じく $K^{-1}(\alpha) = \overline{\alpha}$ と書きます. K はスピノールの複素共役で,

$$\overline{\alpha^{A}} = \overline{\alpha}^{A'}, \;\; \overline{\overline{\alpha}^{A'}} = \overline{\overline{\alpha}}^{A} = \alpha^{A}$$

のような書き方をします.

ρ^{*} の複素共役表現と, $\overline{\rho}$ の双対表現は同じもので, それを $\overline{\rho}^{*}$ と書きます. もちろん,

$$\overline{\rho}^{*} : \Lambda \mapsto \overline{{}^{t}[\rho(\Lambda)^{-1}]} = \left[\rho(\Lambda)^{\dagger} \right]^{-1}$$

です. これの成分は,

$$\overline{\rho}^{*}(\Lambda)_{A'}{}^{B'} = \overline{\rho(\Lambda)_{A}{}^{B}}$$

であたえられます.

$\overline{\rho}^{*}$ の表現空間を $\overline{S}^{*}$ とします. $\overline{S}^{*}$ のベクトルも, 点付きスピノールですが, 成分は下付きに書きます. $\overline{S}$, $\overline{S}^{*}$ はともにシンプレクティック形式を備えていて, それらをそれぞれ $\epsilon_{A'B'}$, $\epsilon^{A'B'}$ と書きます. これらは,

$$\epsilon_{A'B'} = \overline{o}_{A'}\overline{\iota}_{B'} - \overline{\iota}_{A'}\overline{o}_{B'},$$

$$\epsilon^{A'B'} = \overline{o}^{A'}\overline{\iota}^{B'} - \overline{\iota}^{A'}\overline{o}^{B'}$$

で, ともに ϵ_{AB} と同じ成分

$$\epsilon_{A'B'} = \epsilon^{A'B'} = \begin{pmatrix} 0 & 1 \\ -1 & 0 \end{pmatrix}$$

をもちます. 点付きスピノールの添字の上げ下げも, スピノールと全く同様に $\epsilon_{A'B'}$, $\epsilon^{A'B'}$ を用いて行います. その記法では, $\overline{S}^*$ の基底は, $(\overline{e^0})_{A'} = -\overline{\iota}_{A'} = (1,0)$, $(\overline{e^1})_{A'} = \overline{o}_{A'} = (0,1)$ と書けます.

一般のスピノールは,

$$\phi^{A_1\cdots A_p}{}_{B_1\cdots B_q}{}^{C_1'\cdots C_r'}{}_{D_1'\cdots D_s'}$$

という形をしていて, ローレンツ変換 $\Lambda \in G$ にともなって

$$\phi^{A_1\cdots A_p}{}_{B_1\cdots B_q}{}^{C_1'\cdots C_r'}{}_{D_1'\cdots D_s'}$$
$$\longmapsto \rho(\Lambda)^{A_1}{}_{E_1}\cdots\rho(\Lambda)^{A_p}{}_{E_p}$$
$$\times \rho(\Lambda)_{B_1}{}^{F_1}\cdots\rho(\Lambda)_{B_q}{}^{F_q}$$
$$\times \overline{\rho(\Lambda)}^{C_1'}{}_{G_1'}\cdots\overline{\rho(\Lambda)}^{C_r'}{}_{G_r'}$$
$$\times \overline{\rho(\Lambda)}_{D_1'}{}^{H_1'}\cdots\overline{\rho(\Lambda)}_{D_s'}{}^{H_s'}\phi^{E_1\cdots E_p}{}_{F_1\cdots F_q}{}^{G_1'\cdots G_r'}{}_{H_1'\cdots H_s'}$$

と変換します. スピノールのテンソル積表現です. テンソル積表現は, ϕ の階数が偶数なら, $\rho(\Lambda)$ の符号の不定性がキャンセルされて, 真の表現になりますが, 階数が奇数なら射影表現です.

一般のスピノール ϕ の複素共役 $\overline{\phi}$ は,

$$\overline{\phi}^{A_1'\cdots A_p'}{}_{B_1'\cdots B_q'}{}^{C_1\cdots C_r}{}_{D_1\cdots D_s} = \overline{\phi^{A_1\cdots A_p}{}_{B_1\cdots B_q}{}^{C_1'\cdots C_r'}{}_{D_1'\cdots D_s'}}$$

と定義されます.

スピノールの成分どうしは, 添字を書く順番を入れかえると意味が変わります. 例えば一般に

$$\phi^A{}_B \neq \phi_B{}^A$$

です. スピノールの成分と点付きスピノールの成分は入れかえても意味をとり違えることがないので,

$$\phi^A{}_{B'} = \phi_{B'}{}^A = \phi^A_{B'}$$

だと考えます.

ローレンツ変換

$$\boldsymbol{X}' = \rho(\Lambda)\boldsymbol{X}\rho(\Lambda)^\dagger$$

は,

$$X'^{AB'} = \rho(\Lambda)^A{}_C \overline{\rho(\Lambda)}^{B'}{}_{D'} X^{CD'}$$

と書けます. したがって, スピノール $\phi^{AB'}$ で

$$\overline{\phi}^{AB'} \left(= \overline{\phi^{BA'}}\right) = \phi^{AB'}$$

をみたすものは, 実の反変ベクトル ϕ^μ だとみなせます. この対応は,

$$\phi^{AB'} = \phi^\mu \sigma_\mu^{AB'}$$

によってあたえられています. ただし,

$$\sigma_0^{AB'} = \begin{pmatrix} 1 & 0 \\ 0 & 1 \end{pmatrix}, \quad \sigma_1^{AB'} = \begin{pmatrix} 0 & 1 \\ 1 & 0 \end{pmatrix},$$

$$\sigma_2^{AB'} = \begin{pmatrix} 0 & -i \\ i & 0 \end{pmatrix}, \quad \sigma_3^{AB'} = \begin{pmatrix} 1 & 0 \\ 0 & -1 \end{pmatrix}$$

です. 逆に解くと

$$\phi^\mu = \frac{1}{2}\sigma_{AB'}^\mu \phi^{AB'},$$

ただし,

$$\sigma_{AB'}^\mu = \eta^{\mu\nu}\epsilon_{AC}\epsilon_{B'D'}\sigma_\nu^{CD'}$$

で具体的には

$$\sigma_{AB'}^0 = \begin{pmatrix} 1 & 0 \\ 0 & 1 \end{pmatrix}, \quad \sigma_{AB'}^1 = \begin{pmatrix} 0 & 1 \\ 1 & 0 \end{pmatrix},$$

$$\sigma_{AB'}^2 = \begin{pmatrix} 0 & i \\ -i & 0 \end{pmatrix}, \quad \sigma_{AB'}^3 = \begin{pmatrix} 1 & 0 \\ 0 & -1 \end{pmatrix}$$

となっています. 特に $\boldsymbol{\sigma}_k, (k=1,2,3)$ をパウリ行列として

$$\sigma_k^{AB'} = (\boldsymbol{\sigma}_k)_{AB}, \quad \sigma_{AB'}^k = (\overline{\boldsymbol{\sigma}}_k)_{AB}$$

となっています.

■ 10.4 スピノールの既約分解

スピノールは制限ローレンツ群 $G = SO_{3,1}^+$ の射影表現で, もちろん $Spin_{3,1}^+ = SL_2(\mathbb{C})$ の表現なのですが, より基本的な表現に分解するかもしれません. 分解するものを可約表現, それ以上分解しないものを既約表現といいます. スピノールの表現の分解をみておきましょう.

まず, 2 階の交代スピノール $\chi_{AB} = -\chi_{BA}$ は, 常に ϵ_{AB} の定数倍だということに注意します. 具体的には,

$$\chi_{AB} = \frac{1}{2}\epsilon_{AB}\epsilon^{CD}\chi_{CD} = \frac{1}{2}\epsilon_{AB}\chi_C{}^C$$

が成り立ちます. 一般の 2 階のスピノール ψ_{AB} は, まず,

$$\psi_{AB} = \psi_{(AB)} + \psi_{[AB]}$$

と分解します. ただし,

$$\psi_{(AB)} := \frac{1}{2}(\psi_{AB} + \psi_{BA}),$$
$$\psi_{[AB]} := \frac{1}{2}(\psi_{AB} - \psi_{BA})$$

です. すると,

$$\psi_{AB} = \psi_{(AB)} + \frac{1}{2}\epsilon_{AB}\psi_C{}^C$$

です. $\psi_{(AB)}$ のように添字の入れかえに対して対称なものを, 対称スピノールといいますが, 対称スピノールはこれ以上分解できない既約表現です. つまり,

$$\psi_{AB} \dashrightarrow \psi_{(AB)}, \quad \psi_C{}^C$$

のように, 2 階対称スピノールとスカラーに分解します.

次は 3 階のスピノール ψ_{ABC} の既約分解をしてみましょう. 既約成分として

$$\psi_{(ABC)} := \frac{1}{3!}(\psi_{ABC} + \psi_{BCA} + \psi_{CAB} + \psi_{BAC} + \psi_{ACB} + \psi_{CBA})$$

をもつのはなんとなく予想できるので, こちらの変形を考えます. まず,

$$3\psi_{(ABC)} = \psi_{A(BC)} + \psi_{B(CA)} + \psi_{C(AB)}$$

です. 第 2 項は,

$$\psi_{B(CA)} = \psi_{A(CB)} + (\psi_{B(CA)} - \psi_{A(CB)})$$

と書き直してみると, 右辺の括弧の中は A, B について反対称なので,

$$\psi_{B(CA)} = \psi_{A(CB)} + \frac{1}{2}\epsilon_{AB}\epsilon^{DE}(\psi_{E(CD)} - \psi_{D(CE)})$$

$$= \psi_{A(CB)} + \frac{1}{4}\epsilon_{AB}\epsilon^{DE}(\psi_{ECD} + \psi_{EDC} - \psi_{DCE} - \psi_{DEC})$$

$$= \psi_{A(CB)} - \frac{1}{2}\epsilon_{AB}(\psi_{DC}{}^{D} + \psi_{D}{}^{D}{}_{C})$$

となります. 同様に第 3 項も

$$\psi_{C(AB)} = \psi_{A(CB)} - \frac{1}{2}\epsilon_{AC}(\psi_{DB}{}^{D} + \psi_{D}{}^{D}{}_{B})$$

となります. これらを代入すると,

$$3\psi_{(ABC)} = 3\psi_{A(BC)} - \frac{1}{2}\epsilon_{AB}(\psi_{DC}{}^{D} + \psi_{D}{}^{D}{}_{C}) - \frac{1}{2}\epsilon_{AC}(\psi_{DB}{}^{D} + \psi_{D}{}^{D}{}_{B})$$

なので,

$$\psi_{A(BC)} = \psi_{(ABC)} + \frac{1}{6}\epsilon_{AB}(\psi_{DC}{}^{D} + \psi_{D}{}^{D}{}_{C}) + \frac{1}{6}\epsilon_{AC}(\psi_{DB}{}^{D} + \psi_{D}{}^{D}{}_{B})$$

をえます. すると,

$$\psi_{ABC} = \psi_{A(BC)} + \psi_{A[BC]}$$

$$= \phi_{ABC} + \frac{1}{6}\epsilon_{AB}\beta_{C} + \frac{1}{6}\epsilon_{AC}\beta_{B} + \frac{1}{2}\epsilon_{BC}\alpha_{A}$$

が既約分解をあたえます. ただし,

$$\phi_{ABC} := \psi_{(ABC)},$$

$$\alpha_{A} := \psi_{AD}{}^{D},$$

$$\beta_{A} := \psi_{DA}{}^{D} + \psi_{D}{}^{D}{}_{A}$$

です.

　この辺でやめておきますが, 一般の p 階のスピノールは, p と偶奇の等しい階数のいくつかの対称スピノールに既約分解されます. ただしもちろん, 高階の対称スピノールとは, どの 2 つの添字の入れかえに対しても不変なもののことです.

■ 10.5　ディラック・スピノール

　2 成分スピノール α^{A}, $\beta_{A'}$ を, 時空点 x の関数だとしましょう. こうしてできる 2 成分の複素ベクトル場をスピノール場といいます.

　スピノール場のみたす微分方程式で, 最も自然な形をしているのは,

$$i\partial^{AB'}\beta_{B'} = m\alpha^A,$$

$$i\partial_{AB'}\alpha^A = m\beta_{B'}$$

です. これは, ディラック方程式です. m は正の実数で, ディラック質量, ここでは単に質量といいます. ただし,

$$\partial^{AB'} := \sigma_\mu^{AB'}\partial^\mu, \quad \partial_{AB'} := \sigma_{AB'}^\mu\partial_\mu$$

で,

$$\partial_\mu := \frac{\partial}{\partial x^\mu}, \quad \partial^\mu := \eta^{\mu\nu}\partial_\nu$$

です. 右辺の係数 m は, m_1, m_2 と別のものにしてもよさそうですが, α^A または $\beta_{A'}$ を定数倍だけ定義し直すことにより共通にできます.

関係式

$$\sigma_{(\mu}^{AB'}\eta_{\nu)\lambda}\sigma_{AC'}^\lambda = \eta_{\mu\nu}\delta_{C'}^{B'},$$

$$\sigma_{(\mu}^{AC'}\eta_{\nu)\lambda}\sigma_{BC'}^\lambda = \eta_{\mu\nu}\delta_B^A$$

に注意して, ディラック方程式の第 1 式に $\partial_{AC'}$ を作用させると, 波動方程式

$$(\partial_\mu\partial^\mu + m^2)\beta_{A'} = 0$$

をえます. 同様に, 第 2 式に $\partial^{CB'}$ を作用させて,

$$(\partial_\mu\partial^\mu + m^2)\alpha^A = 0$$

がえられます. したがって,

$$\alpha^A, \beta_{A'} \propto e^{-ipx}$$

となる平面波解をさがすことになります. ただし,

$$px = p_\mu x^\mu$$

と略記します. 波動方程式をみたすことから,

$$|p_0| = \omega_{\boldsymbol{p}} := \sqrt{(p^1)^2 + (p^2)^2 + (p^3)^2 + m^2}$$

でなければなりません. 平面波解では, $i\partial^{AB'}$ は $p^{AB'}$ に置き換えられるので, ディラック方程式は代数方程式

$$p^{AB'}\beta_{B'} = m\alpha^A,$$

$$p_{AB'}\alpha^A = m\beta_{B'}$$

となります.

2つのスピノール α^A, $\beta_{B'}$ を4成分の複素ベクトルにまとめたもの

$$\boldsymbol{\psi} := \begin{pmatrix} \alpha^0 \\ \alpha^1 \\ \beta_{0'} \\ \beta_{1'} \end{pmatrix}$$

をディラック・スピノールといいます. ディラック・スピノールの成分は ψ^a, $(a = 1, 2, 3, 4)$ とします. 平面波に対するディラック方程式は, ディラック・スピノール ψ を用いると,

$$p_\mu \boldsymbol{\Gamma}^\mu \boldsymbol{\psi} = m \boldsymbol{\psi}$$

です. ただし,

$$\boldsymbol{\Gamma}^0 = \begin{pmatrix} \boldsymbol{O} & \boldsymbol{I} \\ \boldsymbol{I} & \boldsymbol{O} \end{pmatrix},$$

$$\boldsymbol{\Gamma}^k = \begin{pmatrix} \boldsymbol{O} & \boldsymbol{\sigma}_k \\ -\boldsymbol{\sigma}_k & \boldsymbol{O} \end{pmatrix}, \quad (k = 1, 2, 3)$$

をガンマ行列といいます.

ガンマ行列は

$$\boldsymbol{\Gamma}^\mu \boldsymbol{\Gamma}^\nu + \boldsymbol{\Gamma}^\nu \boldsymbol{\Gamma}^\mu = 2\eta^{\mu\nu} \boldsymbol{I}$$

をみたす4次の複素正方行列です. 一般に

$$\boldsymbol{e}^i \boldsymbol{e}^j + \boldsymbol{e}^j \boldsymbol{e}^i = 2\delta^{ij} \boldsymbol{I}, \quad (i, j = 1, \ldots, n)$$

をみたす $\{\boldsymbol{I}, \boldsymbol{e}^1, \ldots, \boldsymbol{e}^n\}$ の生成する代数, つまり $\boldsymbol{e}^i$ たちの積とそれらの複素線形結合で作られる代数を複素クリフォード環 $Cl_n(\mathbb{C})$ といいます. ただし, $\boldsymbol{I}$ は積の単位元です. ガンマ行列は,

$$\boldsymbol{e}^k = i\boldsymbol{\Gamma}^k, \quad (k = 1, 2, 3)$$

$$\boldsymbol{e}^4 = \boldsymbol{\Gamma}^0$$

とすることにより, $Cl_4(\mathbb{C})$ の表現を生成します.

クリフォード環の関係式

$$\boldsymbol{\Gamma}^\mu \boldsymbol{\Gamma}^\nu + \boldsymbol{\Gamma}^\nu \boldsymbol{\Gamma}^\mu = 2\eta^{\mu\nu} \boldsymbol{I}$$

をみたすものが 1 つあれば, 正則行列 A によって

$$\Gamma^\mu_A := A\Gamma^\mu A^{-1}$$

としたものも, 同じ関係式をみたします. この自由度を用いていつでも

$$\left(\Gamma^0\right)^\dagger = \Gamma^0, \quad \left(\Gamma^k\right)^\dagger = -\Gamma^k$$

が成り立つようにできます. ここで最初にあたえたガンマ行列の表現では, すで
にこれが成り立っています. 残る自由度は, 4 次のユニタリー行列 U による

$$\Gamma^\mu_U := U\Gamma^\mu U^\dagger$$

のみです. これによって,

$$\Gamma^\mu_U \Gamma^\nu_U + \Gamma^\nu_U \Gamma^\mu_U = 2\eta^{\mu\nu} I,$$
$$\left(\Gamma^0_U\right)^\dagger = \Gamma^0_U, \quad \left(\Gamma^k_U\right)^\dagger = -\Gamma^k_U$$

は保たれています.

この自由度によって, ガンマ行列として色々な形のものがとれます. 最初にあた
えたガンマ行列の形は, カイラル表現といいます. ガンマ行列の形に対して何々
表現といいますが, $Cl_4(\mathbb{C})$ の表現としてはもちろんすべて同値です.

$Cl_4(\mathbb{C})$ の表現があると,

$$g_\omega = \exp\left(\frac{1}{2} \sum_{0 \le \mu < \nu \le 3} \omega_{\mu\nu} \Gamma^\mu \Gamma^\nu\right), \quad (\omega_{\mu\nu} \in \mathbb{R})$$

の形の行列から, $Spin^+_{3,1}$ の表現を作れます. つまり, ディラック・スピノールの
空間 D は, $Spin^+_{3,1}$ の表現空間です. もちろん, D は S と $\overline{S}^*$ のペアのことなの
で, 可約表現です. このことは, g_ω が Γ^μ の偶数べきの多項式で, そのようなもの
は, 最初にあたえた Γ^μ の表現では, ブロック対角になることからもわかります.
指数関数の肩の 1/2 の因子は $\omega_{\mu\nu}$ に吸収すればよいのに, と思ったかもしれませ
んが, スピン 1/2 だという気持ちを表していると思ってください.

D にはエルミート積, つまり正定値でない「内積」が備わっていて,

$$(\phi, \psi) := \phi^\dagger \Gamma^0 \psi$$

と定義されます. ディラック共役とは,

$$\phi \longmapsto \overline{\phi} := \phi^\dagger \Gamma^0$$

のことで, この書き方だと,

$$(\phi, \psi) = \overline{\phi}\psi$$

です. ディラック共役は, $\boldsymbol{\Gamma}^0$ がエルミート, $\boldsymbol{\Gamma}^k$ が歪エルミートな表現ならいつでもこの形です. $\boldsymbol{\Gamma}^\mu$ がすべて歪エルミートだったら, 内積は $\phi^\dagger\psi$ でよかったのですが, $\boldsymbol{\Gamma}^0$ がエルミートなので, 少し工夫をしています. 具体的には, $Spin_{3,1}^+$ の作用

$$\psi \longmapsto \exp\left(\frac{1}{2}\sum_{0 \le \mu < \nu \le 3}\omega_{\mu\nu}\boldsymbol{\Gamma}^\mu\boldsymbol{\Gamma}^\nu\right)\psi$$

に対して,

$$\overline{\psi} \longmapsto \overline{\psi}\exp\left(-\frac{1}{2}\sum_{0 \le \mu < \nu \le 3}\omega_{\mu\nu}\boldsymbol{\Gamma}^\mu\boldsymbol{\Gamma}^\nu\right)$$

が成り立つようにディラック共役の形は決められています. つまり, $\overline{\psi}$ が D の双対表現のベクトルとして振る舞うようにしています. これを示すには,

$$\boldsymbol{\Gamma}^0\boldsymbol{\Gamma}^\mu = (\boldsymbol{\Gamma}^\mu)^\dagger\boldsymbol{\Gamma}^0,$$

したがって, $0 \le \mu < \nu \le 3$ に対して

$$(\boldsymbol{\Gamma}^\mu\boldsymbol{\Gamma}^\nu)^\dagger\boldsymbol{\Gamma}^0 = -\boldsymbol{\Gamma}^0\boldsymbol{\Gamma}^\mu\boldsymbol{\Gamma}^\nu$$

が成り立つことに注意すればよいです.

■ 10.6 ディラック方程式の解

ここでは, ディラック方程式の解を考えます. 平面波解を正振動数解と負振動数解に分けて考えます. 平面波解は e^{-ipx} に比例するものですが, p^0 は振動数を表します. 波動方程式をみたすことから,

$$\eta_{\mu\nu}p^\mu p^\nu = m^2$$

なので,

$$p^0 = \pm\omega_{\boldsymbol{p}} := \pm\sqrt{\boldsymbol{p}^2 + m^2}$$

です. 以後は, p^μ は常に未来向き, つまり $p^0 > 0$ だとします. そのかわり, e^{-ipx} に比例するものを正振動数解といい, e^{ipx} に比例するものを負振動数解といい, これらを両方考えることにします. 正振動数解は,

$$\psi = \frac{1}{\sqrt{2\omega_{\boldsymbol{p}}}} \boldsymbol{u_p} e^{-ipx}$$

という形のもので, 負振動数解は,

$$\psi = \frac{1}{\sqrt{2\omega_{\boldsymbol{p}}}} \boldsymbol{v_p} e^{ipx}$$

という形のものです.

すると, ディラック方程式は

$$(p_\mu \boldsymbol{\Gamma}^\mu - m\boldsymbol{I})\boldsymbol{u_p} = 0,$$

$$(p_\mu \boldsymbol{\Gamma}^\mu + m\boldsymbol{I})\boldsymbol{v_p} = 0$$

です. ここでは, $\boldsymbol{\Gamma}^\mu$ としてカイラル表現, つまり最初にあたえた表現をとります. 行列 $(p_\mu \boldsymbol{\Gamma}^\mu \mp m\boldsymbol{I})$ の階数はどちらも 2 なので, あたえられた $\boldsymbol{p} = (p^1, p^2, p^3)$ に対して, $\boldsymbol{u_p}$ も $\boldsymbol{v_p}$ もどちらも 2 つの 1 次独立な解をもちます.

まず, 正振動数解の空間 $W_{\boldsymbol{p}}^+ = \mathrm{Ker}(p_\mu \boldsymbol{\Gamma}^\mu - m\boldsymbol{I})$ を考えましょう. 独立な解を 2 つもってくればよいのですが, $(p_\mu \boldsymbol{\Gamma}^\mu - m)$ と可換なエルミート行列

$$\boldsymbol{\Sigma_p} := i \sum_{k=1}^{3} p_k \boldsymbol{\Gamma}^1 \boldsymbol{\Gamma}^2 \boldsymbol{\Gamma}^3 \boldsymbol{\Gamma}^k$$

$$= \sum_{k=1}^{3} p^k \begin{pmatrix} \boldsymbol{\sigma}_k & \boldsymbol{O} \\ \boldsymbol{O} & \boldsymbol{\sigma}_k \end{pmatrix}$$

がたまたまあるので, $W_{\boldsymbol{p}}^+$ を $\boldsymbol{\Sigma_p}$ の固有空間に分解します. $\boldsymbol{\Sigma_p}$ の固有値は正負ペアになっていて, 正の固有値に属するもの $\boldsymbol{u_{p,+}} \in W_{\boldsymbol{p}}^+$ と負の固有値に属するもの $\boldsymbol{u_{p,-}} \in W_{\boldsymbol{p}}^+$ がとれます. すると, $W_{\boldsymbol{p}}^+$ のベクトルは $\boldsymbol{u_{p,\pm}}$ の線形結合で書けます.

$\boldsymbol{\Sigma_p}$ の固有値の符号はヘリシティーといいます. ディラック方程式の解は, 1 つの粒子の運動状態を表すと解釈できます. ヘリシティーはその粒子の運動方向のスピンの向きを表していて, + を右巻き, − を左巻きといいます. ただし, これは形をみてわかるように, 慣性系のとり方による, あまり意味のない概念です. $\boldsymbol{p} = \boldsymbol{0}$ のときは, $\boldsymbol{\Sigma_0} = \boldsymbol{O}$ なので, 例えば適当に $\boldsymbol{p} = (0, 0, 1)$ とおいた $\boldsymbol{\Sigma_p}$ を用いればよいです.

負振動数解は正振動数解の「複素共役」からえられます. といっても, 単純に複素共役すると, 複素共役表現になってしまいますので, 工夫が必要です. その複素共役とは,

$$
\begin{pmatrix} \alpha^0 \\ \alpha^1 \\ \beta_{0'} \\ \beta_{1'} \end{pmatrix} \longmapsto \begin{pmatrix} \overline{\beta}^0 \\ \overline{\beta}^1 \\ \overline{\alpha}_{0'} \\ \overline{\alpha}_{1'} \end{pmatrix} = \begin{pmatrix} \overline{\beta}_1 \\ -\overline{\beta}_0 \\ -\overline{\alpha}^{1'} \\ \overline{\alpha}^{0'} \end{pmatrix}
$$

というものです. ディラック・スピノールをスピノールのペア $(\alpha^A, \beta_{B'})$ だと思え
ば, それを $(\overline{\beta}^A, \overline{\alpha}_{B'})$ に変換することだといっています. ディラック・スピノール
ψ の各成分の複素共役をとったものを, $\overline{\psi}$ と書きたいところですが, これはディ
ラック共役の記号として使ってしまったので, ψ^K と書くことにします. すると,
この変換は,

$$
\psi \longmapsto \psi^c := C\psi^K,
$$

ただし,

$$
C := i\Gamma^2
$$

と書けます. C のこの形は, カイラル表現のときのもので, 一般にはこの形ではな
いです.

　C を特徴付けているのは,

$$
C\overline{\Gamma}^\mu = -\Gamma^\mu C
$$

と,

$$
\overline{C} = C^{-1}
$$

です. ガンマ行列の別の表現 Γ^μ_U を用いるときは,

$$
C_U := UC\overline{U}
$$

によって, $\psi^c = C_U\psi^K$ と定義します.

　ガンマ行列の積に対しては,

$$
C\overline{\Gamma}^\mu\overline{\Gamma}^\nu = \Gamma^\mu\Gamma^\nu C
$$

なので,

$$
\psi \longmapsto \exp\left(\frac{1}{2}\sum_{0 \le \mu < \nu \le 3} \omega_{\mu\nu}\Gamma^\mu\Gamma^\nu\right)\psi
$$

に対して,

$$\psi^c \longmapsto C \exp\left(\frac{1}{2} \sum_{0 \le \mu < \nu \le 3} \omega_{\mu\nu} \overline{\boldsymbol{\Gamma}}^\mu \overline{\boldsymbol{\Gamma}}^\nu\right) \psi^K$$

$$= \exp\left(\frac{1}{2} \sum_{0 \le \mu < \nu \le 3} \omega_{\mu\nu} \boldsymbol{\Gamma}^\mu \boldsymbol{\Gamma}^\nu\right) C\psi^K$$

$$= \exp\left(\frac{1}{2} \sum_{0 \le \mu < \nu \le 3} \omega_{\mu\nu} \boldsymbol{\Gamma}^\mu \boldsymbol{\Gamma}^\nu\right) \boldsymbol{\psi}^c$$

と変換します. つまり, $\boldsymbol{\psi}^c \in D$ です.

この「複素共役」は対合です. つまり 2 度繰り返すと恒等変換です. このことは,

$$(\boldsymbol{\psi}^c)^c = \boldsymbol{C}\left(\boldsymbol{C}\boldsymbol{\psi}^K\right)^K = \boldsymbol{C}\overline{\boldsymbol{C}}\boldsymbol{\psi} = \boldsymbol{\psi}$$

からわかります.

もし, D に U_1 が作用していて, ゲージ変換 $e^{i\theta} \in U_1$ に対して

$$\boldsymbol{\psi} \longmapsto e^{iq\theta}\boldsymbol{\psi}$$

と変換するなら, $\boldsymbol{\psi}$ は電荷 q をもっているといいます. その場合, $\boldsymbol{\psi}^c$ は電荷 $(-q)$ をもつので, ディラック・スピノールの「複素共役」とここではいっていますが, 一般には荷電共役変換といいます.

話を戻しましょう. 今, 正振動数解の基底として $\boldsymbol{u}_{\boldsymbol{p},\pm}$ を選んであるのでした. これらの荷電共役は, 負振動数解になります. つまり,

$$(p_\mu \boldsymbol{\Gamma}^\mu + m\boldsymbol{I})\, \boldsymbol{u}_{\boldsymbol{p},\pm}^c = 0$$

です. また, 荷電共役はヘリシティーを反転します. 実際

$$\boldsymbol{\Sigma}_{\boldsymbol{p}} \boldsymbol{u}_{\boldsymbol{p},\pm}^c = i \sum_k p_k \boldsymbol{\Gamma}^1 \boldsymbol{\Gamma}^2 \boldsymbol{\Gamma}^3 \boldsymbol{\Gamma}^k \boldsymbol{C}\, (\boldsymbol{u}_{\boldsymbol{p},\pm})^K$$

$$= i \sum_k p_k \boldsymbol{C}\, \overline{\boldsymbol{\Gamma}}^1 \overline{\boldsymbol{\Gamma}}^2 \overline{\boldsymbol{\Gamma}}^3 \overline{\boldsymbol{\Gamma}}^k\, (\boldsymbol{u}_{\boldsymbol{p},\pm})^K$$

$$= -\boldsymbol{C}\, (\boldsymbol{\Sigma}_{\boldsymbol{p}} \boldsymbol{u}_{\boldsymbol{p},\pm})^K = \mp \boldsymbol{u}_{\boldsymbol{p},\pm}^c$$

です. そこで, 負振動数解として,

$$\boldsymbol{v}_{\boldsymbol{p},\pm} := \boldsymbol{u}_{\boldsymbol{p},\pm}^c$$

ととりましょう. これらは $W_{\boldsymbol{p}}^- = \mathrm{Ker}(p_\mu \boldsymbol{\Gamma}^\mu + m\boldsymbol{I})$ の基底をなしていて, それぞれ $\boldsymbol{\Sigma}_{\boldsymbol{p}}$ の固有ベクトルになっています.

$\boldsymbol{\Sigma_p}$ はエルミート行列なので, 固有空間分解は直交直和分解です. つまり,

$$u_{\boldsymbol{p},\pm}^{\dagger}u_{\boldsymbol{p},\mp} = v_{\boldsymbol{p},\pm}^{\dagger}v_{\boldsymbol{p},\mp} = 0$$

となっています. これらを,

$$u_{\boldsymbol{p},\pm}^{\dagger}u_{\boldsymbol{p},\pm} = v_{\boldsymbol{p},\pm}^{\dagger}v_{\boldsymbol{p},\pm} = 2\omega_{\boldsymbol{p}}$$

と規格化しておきます.

さらに, $\boldsymbol{p} \neq \boldsymbol{0}$ に対して

$$u_{\boldsymbol{p},s}^{\dagger}v_{-\boldsymbol{p},s'} = 0$$

が成り立つことにも注意しておきましょう. これは $u_{\boldsymbol{p},s}$, $v_{-\boldsymbol{p},s}$ がエルミート行列

$$\boldsymbol{\Gamma}^0 \left(\sum_{k=1}^{3} p_k \boldsymbol{\Gamma}^k - m\boldsymbol{I} \right)$$

の異なる固有値 $\mp\omega_{\boldsymbol{p}}$ にそれぞれ属する固有ベクトルだということからしたがいます.

一般の正振動数解部分は, 形式的に

$$\boldsymbol{\psi}^+(x) := \int \frac{d^3\boldsymbol{p}}{\sqrt{(2\pi)^3 2\omega_{\boldsymbol{p}}}} \sum_{s=\pm} A_s(\boldsymbol{p}) u_{\boldsymbol{p},s} e^{-ipx}$$

と書かれます. 同様に, 負振動数解部分も,

$$\boldsymbol{\psi}^-(x) := \int \frac{d^3\boldsymbol{p}}{\sqrt{(2\pi)^3 2\omega_{\boldsymbol{p}}}} \sum_{s=\pm} C_s(\boldsymbol{p}) v_{\boldsymbol{p},s} e^{ipx}$$

と書きます.

ディラック方程式の形式解は,

$$\boldsymbol{\psi}(x) = \boldsymbol{\psi}^+(x) + \boldsymbol{\psi}^-(x)$$

であたえられます.

■ 10.7　フェルミオン

ディラック・スピノールは, 波動関数ではなくて, フォック空間というヒルベルト空間上の作用素とみなされます. フォック空間には, ボソンのものとフェルミオンのものがありますが, ディラック・スピノールはフェルミオンでなければならないというのが, パウリの排他原理です. 原理というと, 要請したもののように

聞こえますが, そうではなくて, むしろ他の諸々の要請から自動的にしたがうとい
う性質のものです.

ここでみたいのは, 素朴に $[A_q, A_p] = iI$ というような正準交換関係を課すと不
都合が生じるということだけです. ですから, 以下は正しい手順ではないことを
注意してください.

まず, ディラック方程式を導くラグランジアンを考えます. それは,

$$L[\boldsymbol{\psi}, \boldsymbol{\psi}^\dagger, \dot{\boldsymbol{\psi}}] = \int d^3\boldsymbol{x} \mathcal{L}(\boldsymbol{\psi}_{\boldsymbol{x}}, \boldsymbol{\psi}_{\boldsymbol{x}}^\dagger, \dot{\boldsymbol{\psi}}_{\boldsymbol{x}})$$

$$\mathcal{L}(\boldsymbol{\psi}_{\boldsymbol{x}}, \boldsymbol{\psi}_{\boldsymbol{x}}^\dagger, \dot{\boldsymbol{\psi}}_{\boldsymbol{x}}) = i\boldsymbol{\psi}_{\boldsymbol{x}}^\dagger \dot{\boldsymbol{\psi}}_{\boldsymbol{x}} + i\boldsymbol{\psi}_{\boldsymbol{x}}^\dagger \sum_{k=1}^{3} \boldsymbol{\Gamma}^0 \boldsymbol{\Gamma}^k \partial_k \boldsymbol{\psi}_{\boldsymbol{x}} - m\boldsymbol{\psi}_{\boldsymbol{x}}^\dagger \boldsymbol{\Gamma}^0 \boldsymbol{\psi}_{\boldsymbol{x}}$$

というものです. ただし, $\boldsymbol{\psi}_{\boldsymbol{x}}(t) = \boldsymbol{\psi}(t, \boldsymbol{x})$ などで, 連続パラメータ $\boldsymbol{x}$ を自由度を
表す添字のように扱っています. この系では, $\boldsymbol{\psi}_{\boldsymbol{x}}^\dagger$ はラグランジュ乗数の役割を果
たします.

$\dot{\boldsymbol{\psi}}_{\boldsymbol{x}}$ に共役な運動量は,

$$\boldsymbol{\pi}_{\boldsymbol{x}} = \frac{\delta L}{\delta \dot{\boldsymbol{\psi}}_{\boldsymbol{x}}} = \frac{\partial \mathcal{L}}{\partial \dot{\boldsymbol{\psi}}_{\boldsymbol{x}}} = i\boldsymbol{\psi}_{\boldsymbol{x}}^\dagger$$

です. $\boldsymbol{\psi}_{\boldsymbol{x}}$ に対する オイラー・ラグランジュ方程式は,

$$i\dot{\boldsymbol{\psi}}_{\boldsymbol{x}}^\dagger = \frac{\delta L}{\delta \boldsymbol{\psi}_{\boldsymbol{x}}} = \frac{\partial \mathcal{L}}{\partial \boldsymbol{\psi}_{\boldsymbol{x}}} - \sum_{k=1}^{3} \partial_k \frac{\partial \mathcal{L}}{\partial(\partial_k \boldsymbol{\psi}_{\boldsymbol{x}})}$$

$$= -m\boldsymbol{\psi}_{\boldsymbol{x}}^\dagger \boldsymbol{\Gamma}^0 - i\partial_k \boldsymbol{\psi}_{\boldsymbol{x}}^\dagger \sum_{k=1}^{3} \boldsymbol{\Gamma}^0 \boldsymbol{\Gamma}^k$$

となります. これは, 「†」をとって, 左から $\boldsymbol{\Gamma}^0$ をかけることにより, ディラック
方程式と等価だとわかります.

$\boldsymbol{\psi}^\dagger$ に関するオイラー・ラグランジュ方程式は, 拘束条件

$$0 = \frac{\delta L}{\delta \boldsymbol{\psi}_{\boldsymbol{x}}^\dagger} = \frac{\partial \mathcal{L}}{\partial \boldsymbol{\psi}_{\boldsymbol{x}}^\dagger}$$

$$= i\dot{\boldsymbol{\psi}}_{\boldsymbol{x}} + i\sum_{k=1}^{3} \boldsymbol{\Gamma}^0 \boldsymbol{\Gamma}^k \partial_k \boldsymbol{\psi}_{\boldsymbol{x}} - m\boldsymbol{\Gamma}^0 \boldsymbol{\psi}_{\boldsymbol{x}}$$

で, これも左から $\boldsymbol{\Gamma}^0$ をかけて, ディラック方程式になります.

ラグランジアンがあたえられると, エネルギーは

$$E = \int d^3\boldsymbol{x}\,\boldsymbol{\pi_x}\dot{\boldsymbol{\psi}}_{\boldsymbol{x}} - L$$

$$= \int d^3\boldsymbol{x}\,\boldsymbol{\psi}_{\boldsymbol{x}}^{\dagger}\boldsymbol{\Gamma}^0\left(-i\sum_{k=1}^{3}\boldsymbol{\Gamma}^k\partial_k\boldsymbol{\psi}_{\boldsymbol{x}} + m\boldsymbol{\psi}_{\boldsymbol{x}}\right)$$

$$= i\int d^3\boldsymbol{x}\,\boldsymbol{\psi}_{\boldsymbol{x}}^{\dagger}\dot{\boldsymbol{\psi}}_{\boldsymbol{x}}$$

と計算できます.

この時点で, やっと量子力学の話に移ります. ディラック方程式の解 ψ を, 何らかのヒルベルト空間上の作用素 $\boldsymbol{\Psi}$ に対応させます. これには, フーリエ係数を

$$A_s(\boldsymbol{p}) \dashrightarrow b_{\boldsymbol{p},s},$$

$$C_s(\boldsymbol{p}) \dashrightarrow d_{\boldsymbol{p},s}^*$$

と作用素 $b_{\boldsymbol{p},s}, d_{\boldsymbol{p},s}^* = (d_{\boldsymbol{p},s})^*$ に置き換えます. 同時に運動量 ψ も作用素 $\boldsymbol{\Pi}$ になります. つまり,

$$\boldsymbol{\psi}_{\boldsymbol{x}} \dashrightarrow \boldsymbol{\Psi}_{\boldsymbol{x}} := \int \frac{d^3\boldsymbol{p}}{\sqrt{(2\pi)^3 2\omega_{\boldsymbol{p}}}}\left(\sum_{s=\pm} b_{\boldsymbol{p},s}\boldsymbol{u}_{\boldsymbol{p},s}e^{-ipx} + \sum_{s=\pm} d_{\boldsymbol{p},s}^*\boldsymbol{v}_{\boldsymbol{p},s}e^{ipx}\right)$$

$$\boldsymbol{\pi}_{\boldsymbol{x}} = i\boldsymbol{\psi}_{\boldsymbol{x}}^{\dagger} \dashrightarrow \boldsymbol{\Pi}_{\boldsymbol{x}} := i\boldsymbol{\Psi}_{\boldsymbol{x}}^*$$

$$= i\int \frac{d^3\boldsymbol{p}}{\sqrt{(2\pi)^3 2\omega_{\boldsymbol{p}}}}\left(\sum_{s=\pm} b_{\boldsymbol{p},s}^*\boldsymbol{u}_{\boldsymbol{p},s}^{\dagger}e^{ipx} + \sum_{s=\pm} d_{\boldsymbol{p},s}\boldsymbol{v}_{\boldsymbol{p},s}^{\dagger}e^{-ipx}\right)$$

という置き換えをします. $\boldsymbol{\Psi}_{\boldsymbol{x}}(t)$ は, 作用素としてディラック方程式をみたしていることに注意しておきましょう.

最終的に間違っているのですが, 通常の正準交換関係を仮定してみましょう. それは, $t \in \mathbb{R}$ に対して,

$$\left[\Psi_{\boldsymbol{x}}^a(t), \Psi_{\boldsymbol{y}}^b(t)\right]_- = 0, \quad [\Pi_{a\boldsymbol{x}}(t), \Pi_{b\boldsymbol{y}}(t)]_- = 0,$$

$$[\Psi_{\boldsymbol{x}}^a(t), \Pi_{b\boldsymbol{y}}(t)]_- = i\delta_b^a\delta^3(\boldsymbol{x} - \boldsymbol{y})$$

としてあたえられます. ただし, ここでは交換子を

$$[A, B]_- := AB - BA$$

と書きました. ハイゼンベルク描像の作用素に対する同時刻 t における交換関係です.

これを課すと, 作用素 $b_{\boldsymbol{p},s}, b_{\boldsymbol{p},s}^*, d_{\boldsymbol{p},s}, d_{\boldsymbol{p},s}^*$ の間の代数が決まります. $\boldsymbol{\Psi}_{\boldsymbol{x}}, \boldsymbol{\Pi}_{\boldsymbol{x}}$ の逆フーリエ変換から, $\boldsymbol{u}_{\pm\boldsymbol{p},s}, \boldsymbol{v}_{\pm\boldsymbol{p},s'}$ たちの直交関係に注意すると,

$$b_{\boldsymbol{p},s} = \int \frac{dx^3}{\sqrt{(2\pi)^3 2\omega_{\boldsymbol{p}}}} \boldsymbol{u}_{\boldsymbol{p},s}^{\dagger} \boldsymbol{\Psi_x} e^{ipx},$$

$$d_{\boldsymbol{p},s} = -i \int \frac{dx^3}{\sqrt{(2\pi)^3 2\omega_{\boldsymbol{p}}}} \boldsymbol{\Pi_x} \boldsymbol{v}_{\boldsymbol{p},s} e^{ipx},$$

$$b_{\boldsymbol{p},s}^* = -i \int \frac{dx^3}{\sqrt{(2\pi)^3 2\omega_{\boldsymbol{p}}}} \boldsymbol{\Pi_x} \boldsymbol{u}_{\boldsymbol{p},s} e^{-ipx},$$

$$d_{\boldsymbol{p},s}^* = \int \frac{dx^3}{\sqrt{(2\pi)^3 2\omega_{\boldsymbol{p}}}} \boldsymbol{v}_{\boldsymbol{p},s}^{\dagger} \boldsymbol{\Psi_x} e^{-ipx}$$

がえられます.

すると, 正準交換関係は,

$$[b_{\boldsymbol{p},s}, b_{\boldsymbol{p}',s'}]_- = 0, \quad [d_{\boldsymbol{p},s}, d_{\boldsymbol{p}',s'}]_- = 0, \quad [b_{\boldsymbol{p},s}, d_{\boldsymbol{p}',s'}]_- = 0,$$

$$\left[b_{\boldsymbol{p},s}, b_{\boldsymbol{p}',s'}^*\right]_- = \delta_{s,s'}\delta^3(\boldsymbol{p} - \boldsymbol{p}'), \quad \left[d_{\boldsymbol{p},s}, d_{\boldsymbol{p}',s'}^*\right]_- = \delta_{s,s'}\delta^3(\boldsymbol{p} - \boldsymbol{p}')$$

と等価だとわかります.

これは, 量子力学的な調和振動子の代数 $[a, a^{\dagger}]_- = I$ に似ています. $(\boldsymbol{p}, s)$ でラベル付けされた, たくさんの調和振動子があることを意味していて, b と d に対応する2種類のボゾンを記述しています.

まず, すべての $(\boldsymbol{p}, s)$ に対して

$$b_{\boldsymbol{p},s} |0\rangle = d_{\boldsymbol{p},s} |0\rangle = 0$$

となる単位ベクトル $|0\rangle$ を想定します. これは量子真空という状態を表します. 宇宙に1個も粒子がない状態だと思ってください. $(\boldsymbol{p}, s)$ をラベル i で表すことにしましょう.

$$|1_i; 0\rangle := b_i^* |0\rangle$$

は, 運動量 $\boldsymbol{p}$, ヘリシティー s の b 粒子が1個ある状態です. 同様に, 自然数 n_i に対して

$$|n_i; 0\rangle := \frac{1}{\sqrt{n_i!}} (b_i^*)^{n_i} |0\rangle$$

は n_i 個の b 粒子の状態です. それから,

$$|0; m_j\rangle := \frac{1}{\sqrt{m_j!}} (d_i^*)^{m_j} |0\rangle$$

は m_j 個の d 粒子の状態です. 一般には,

$$|n_{i_1}, \ldots, n_{i_p}; m_{j_1}, \ldots, m_{j_q}\rangle := \left[\prod_{a=1}^{p} \frac{1}{\sqrt{n_{i_a}!}} (b_{i_a}^*)^{n_{i_a}}\right] \left[\prod_{b=1}^{q} \frac{1}{\sqrt{m_{j_b}!}} (d_{j_b}^*)^{m_{j_b}}\right] |0\rangle$$

が多粒子状態を表します. これらは, 同種粒子の交換に対して,

$$|\ldots, 1_i, \ldots, 1_k, \ldots; \ldots\rangle = |\ldots, 1_k, \ldots, 1_i, \ldots; \ldots\rangle,$$

$$|\ldots; \ldots, 1_j, \ldots, 1_l, \ldots\rangle = |\ldots; \ldots, 1_l, \ldots, 1_j, \ldots\rangle$$

と対称なことから, ボーズ統計にしたがいます. これらのベクトルから生成されるヒルベルト空間 $\mathcal{S}$ をボゾン・フォック空間といいます.

作用素 N_i^b, N_j^d を

$$N_i^b := b_i^* b_i, \quad N_j^d := d_j^* d_j$$

とすると,

$$N_i^b |n_i, \ldots; m_j, \ldots\rangle = n_i, \quad N_j^d |n_i, \ldots; m_j, \ldots\rangle = m_j$$

です. これらは特定の状態にある b, d 粒子の個数を数える粒子数作用素です.

この系は, 共通の $(\boldsymbol{p}, s)$ をもつ同じ状態の粒子がいくつあってもよい世界を記述するので, パウリの排他原理をみたしていません. これではなぜ不都合なのかをみてみましょう.

エネルギーの表式において, ディラック・スピノールを作用素に置き換えたものは, $\mathcal{S}$ の作用素になっていて, ハミルトニアン H をあたえます. 作用素の順序を保ったままで計算すると,

$$H := i \int d^3\boldsymbol{x} \, \boldsymbol{\Psi}_{\boldsymbol{x}}^* \dot{\boldsymbol{\Psi}}_{\boldsymbol{x}}$$

$$= \sum_{s=\pm} \int d^3\boldsymbol{p} \, \omega_{\boldsymbol{p}} \left(b_{\boldsymbol{p},s}^* b_{\boldsymbol{p},s} - d_{\boldsymbol{p},s} d_{\boldsymbol{p},s}^* \right)$$

です. もし, 上でやったように, 通常の正準交換関係を仮定すると,

$$H = \sum_{s=\pm} \int d^3\boldsymbol{p} \, \omega_{\boldsymbol{p}} \left(N_{\boldsymbol{p},s}^b - N_{\boldsymbol{p},s}^d + \delta^3(\boldsymbol{0}) \right)$$

となります. 積分の中の最後の項は, ゼロ点エネルギーといって発散量なのでこれはこれで問題なのですが, 別の問題があります. それは, d 粒子の個数作用素の前に負号がついていることです. ハミルトニアンの期待値は系のエネルギーを表しますが, d 粒子の個数を増やすことによっていくらでも低いエネルギーの状態が作れてしまいます. そのような系は, 外部の系と相互作用していくらでもエネルギーを渡すことができるので, 不安定な世界を記述しています. これが, ディラック・スピノールに正準交換関係を課してはいけない理由です.

そこで, ディラック・スピノールには正準反交換関係

$$\left[\Psi_{\boldsymbol{x}}^a(t), \Psi_{\boldsymbol{y}}^b(t)\right]_+ = 0, \quad [\Pi_{a\boldsymbol{x}}(t), \Pi_{b\boldsymbol{y}}(t)]_+ = 0,$$

$$[\Psi_{\boldsymbol{x}}^a(t), \Pi_{b\boldsymbol{y}}(t)]_+ = i\delta_b^a \delta^3(\boldsymbol{x} - \boldsymbol{y})$$

を課します. ただし, 反交換子を

$$[A, B]_+ := AB + BA$$

としています. これは,

$$[b_{\boldsymbol{p},s}, b_{\boldsymbol{p}',s'}]_+ = 0, \quad [d_{\boldsymbol{p},s}, d_{\boldsymbol{p}',s'}]_+ = 0, \quad [b_{\boldsymbol{p},s}, d_{\boldsymbol{p}',s'}]_+ = 0,$$

$$\left[b_{\boldsymbol{p},s}, b_{\boldsymbol{p}',s'}^*\right]_+ = \delta_{s,s'}\delta^3(\boldsymbol{p} - \boldsymbol{p}'), \quad \left[d_{\boldsymbol{p},s}, d_{\boldsymbol{p}',s'}^*\right]_+ = \delta_{s,s'}\delta^3(\boldsymbol{p} - \boldsymbol{p}')$$

と等価になります.

b_i^*, d_j^* はそれぞれ b 粒子, d 粒子を 1 個作る作用素と解釈できますが, $(b_i^*)^2 = 0$, $(d_j^*)^2 = 0$ なので, 同じ状態の粒子は 2 個以上は作れません. これがパウリの排他原理です. ヒルベルト空間は,

$$|1_{i_1}, \ldots, 1_{i_p}; 1_{j_1}, \ldots, 1_{j_q}\rangle := \prod_{a=1}^p b_{i_a}^* \prod_{b=1}^p b_{j_b}^* |0\rangle$$

から生成され, フェルミオン・フォック空間 $\mathcal{A}$ といいます. 個数作用素は, ボゾンの場合と同じ表式であたえられますが, 固有値は 0 または 1 となります. また, 同種粒子の交換に対して,

$$|\ldots, 1_i, \ldots, 1_k, \ldots; \ldots\rangle = -|\ldots, 1_k, \ldots, 1_i, \ldots; \ldots\rangle,$$

$$|\ldots; \ldots, 1_j, \ldots, 1_l, \ldots\rangle = -|\ldots; \ldots, 1_l, \ldots, 1_j, \ldots\rangle$$

と反対称なので, フェルミ統計にしたがいます. この量子化のもとでは, ハミルトニアンは,

$$H = \sum_{s=\pm} \int d^3\boldsymbol{p} \, \omega_{\boldsymbol{p}} \left(N_{\boldsymbol{p},s}^b + N_{\boldsymbol{p},s}^d + \delta^3(\boldsymbol{0}) \right)$$

と正定値になります.

ボゾンとフェルミオンを比較する上で, もうひとつ重要な量をみておきましょう. 特殊相対論では, 発散がゼロの反変ベクトル場, つまり

$$\partial_\mu j^\mu = \dot{j}^0 - \mathrm{div}\boldsymbol{j} = 0$$

をみたす j^μ があると, 保存則がえられます. 保存するのは, j^0 の空間積分で, 保存則は

$$\frac{d}{dt} \int d^3\boldsymbol{x}\, j^0 = \int d^3\boldsymbol{x}\, \dot{j}^0 = \int d^3\boldsymbol{x}\, \mathrm{div}\boldsymbol{j} = 0$$

よりしたがいます.

ディラック・スピノール ψ からは, ベクトル場

$$j^\mu = q\overline{\psi}\boldsymbol{\Gamma}^\mu\psi$$

を作ることができますが, q を定数, ψ をディラック方程式の解だとすると, $\partial_\mu j^\mu = 0$ はすぐに確かめられます. q を電荷とすると, 電荷保存則を表しています. 量子化すると, 全電荷を表す電荷作用素

$$Q := q \int d^3\boldsymbol{x}\, \boldsymbol{\Psi}_{\boldsymbol{x}}^* \boldsymbol{\Psi}_{\boldsymbol{x}}$$

がえられます. b_i, d_j を用いると,

$$Q = q \sum_{s=\pm} \int d^3\boldsymbol{p}\, \left(b_{\boldsymbol{p},s}^* b_{\boldsymbol{p},s} + d_{\boldsymbol{p},s} d_{\boldsymbol{p},s}^*\right)$$

となります. $d_j d_j^*$ の前の符号が H のときの場合と違うのがポイントです.

もし, ボゾンとして正準交換関係を設定すると

$$Q = q \sum_i (N_i^b + N_i^d) + \mathrm{const.}$$

と定数をのぞくと符号が一定ですが, フェルミオンとして正準反交換関係を選ぶと,

$$Q = q \sum_i (N_i^b - N_i^d) + \mathrm{const.}$$

と定符号にはなりません. Q は電荷を表す作用素なので, 定符号でないのは問題ではないです. Q の表式から, b 粒子と d 粒子はちょうど正負が正反対の電荷をもっているとわかります. d 粒子は, b 粒子と同じ質量, 正負を反転した電荷をもつ粒子で, b の反粒子といいます.

■ 10.8　スピン・統計定理

スピンが半整数の粒子はパウリの排他原理によってフェルミ統計にしたがい, スピンが整数の粒子はボーズ統計にしたがいます. このことは多分みんな知っています. ここでは, なぜそうなるのかについてお話しします. スピンと統計の関係についてのパウリの考察を一緒に追ってみましょう.

基本粒子は何階かのスピノール場を量子化することによって記述されます. 素粒子の標準模型では, 何種類もの基本粒子の相互作用が記述されていますが, ここ

では自由粒子, つまり相互作用をしない粒子を考えます.

　自由粒子を記述するスピノール場は, 線形な微分方程式にしたがっています. ディラック方程式を思い出してみるとよいですが, 一般に, いくつかのスピノール場が組をなしていて, その組の中で閉じた連立の微分方程式がスピノール場の運動方程式になります. このようなスピノール場の「組」がここでは重要な概念になります.

　スピノール場の組には2つの型があります. 1つは「テンソル型」, もう1つは「スピノール型」です. テンソル型の組は, 組に属するすべてのスピノール場が, $SO_{3,1}^+$ の真の表現になっているもので, 整数スピンの粒子に対応しています. それに対して, スピノール型の組は, すべて射影表現のスピノール場からなっていて, 半整数スピンの粒子に対応します. 例えば, ディラック・スピノールは, スピノール場 α^A, $\beta_{B'}$ がスピノール型の組をなしています. それらは, ディラック方程式という連立の線形微分方程式にしたがっています.

　反変ベクトル V^μ が $V^{AB'} = \sigma_\mu^{AB'} V^\mu$ によって2階のスピノールに対応していることからわかるように, テンソル場は偶数階のスピノール場

$$U_{B_1' \cdots B_q'}^{A_1 \cdots A_p}, \quad (p + q = 0, 2, 4, 6, \ldots)$$

に対応します.

　こう考えてもよいでしょう. つまり, ローレンツ変換を考えると, スピノールの添字ごとに $SO_{3,1}^+$ の射影表現の表現行列がかかるので, 表現行列の符号の不定性がキャンセルして, 偶数階のスピノールは表現になっています. 要するに, テンソル型の組は, 偶数階スピノール場からなっています. それに対して, スピノール型の組は, 奇数階スピノール場からなっていて, $SO_{3,1}^+$ の射影表現になっています.

　スピノールの成分には, 点なしのものと点付きのものがあるので, それらの階数の偶奇によって, 4つの型に分類されます.

スピノール場の分類

テンソル型のスピノールを

- $U^{(+,+)}$ 型：偶数階の点なしスピノール成分, 偶数階の点付きスピノール成分をもつスピノール
- $U^{(-,-)}$ 型：奇数階の点なしスピノール成分, 奇数階の点付きスピノール成分をもつスピノール

と分類する.

スピノール型のスピノールを

- $U^{(+,-)}$ 型：偶数階の点なしスピノール成分，奇数階の点付きスピノール成分をもつスピノール
- $U^{(-,+)}$ 型：奇数階の点なしスピノール成分，偶数階の点付きスピノール成分をもつスピノール

と分類する.

　スピノール場 $\phi^{A\cdots}_{B\cdots}$ の複素共役は $\overline{\phi}^{A'\cdots}_{B\cdots}$ なので, $U^{(+,+)}$ 型 のスピノール場の複素共役は $U^{(+,+)}$ 型, $U^{(-,-)}$ 型 のスピノール場の複素共役は $U^{(-,-)}$ 型です. また, $U^{(+,-)}$ 型 のスピノール場の複素共役は $U^{(-,+)}$ 型, $U^{(-,+)}$ 型 のスピノール場の複素共役は $U^{(+,-)}$ 型だということにも注意しておきましょう.

　スピノール場の 1 つの組は連立の同次線形微分方程式で閉じているのですが, それらは組に属するスピノール場, シンプレクティック形式 ϵ_{AB}, $\epsilon_{A'B'}$, および微分演算 $\partial_{AB'}$ の組み合わせで書けます. 場の方程式としては, 様々なものが可能でしょうが, 今の議論に具体的な形は必要ありません. 1 つの方程式の各項は, 共通のスピノール添字の構造をもつという, 基本的な要請だけが必要です. もちろんこれは, 特殊相対論からの要請です.

　すると, テンソル型の組のみたす方程式はすべて,

$$\sum_a D^{(+)}_a(i\partial)\psi^{(+,+)}_a(x) = \sum_b D^{(-)}_b(i\partial)\psi^{(-,-)}_b(x),$$

$$\sum_a D^{(-)}_a(i\partial)\psi^{(+,+)}_a(x) = \sum_b D^{(+)}_b(i\partial)\psi^{(-,-)}_b(x)$$

のどちらかの形をしているでしょう. ただし, $\psi^{(\pm,\pm)}_a(x)$ はそれぞれ $U^{(\pm,\pm)}$ 型のスピノール場です. また, $D^{\pm}_a(i\partial)$ は定数スピノール係数多項式型微分作用素で, $D^{(+)}_a(i\partial)$ は偶数階微分のみを含むもの, $D^{(-)}_b(i\partial)$ は奇数階微分のみを含むものです. もちろん, $D^{(+)}_a(i\partial)$ は, 微分を含まない定数スピノールでもよいです.

　同様に, スピノール型の組のみたす方程式は,

$$\sum_a D^{(+)}_a(i\partial)\psi^{(+,-)}_a(x) = \sum_b D^{(-)}_b(i\partial)\psi^{(-,+)}_b(x),$$

$$\sum_a D^{(-)}_a(i\partial)\psi^{(+,-)}_a(x) = \sum_b D^{(+)}_b(i\partial)\psi^{(-,+)}_b(x)$$

のどちらかの形をしているでしょう. ただし, $\psi^{\pm,\mp}_a(x)$ はそれぞれ $U^{(\pm,\mp)}$ 型のスピノール場です.

テンソル型の組に対する場の方程式は, 反転変換

$$\phi_a^{(+,+)}(x) \longmapsto \phi_a^{(+,+)}(-x),$$
$$\phi_a^{(-,-)}(x) \longmapsto -\phi_a^{(+,+)}(-x)$$

に対して不変だということがわかります.

同様に, スピノール型の組に対する場の方程式は, 反転変換

$$\phi_a^{(+,-)}(x) \longmapsto i\phi_a^{(+,-)}(-x),$$
$$\phi_a^{(-,+)}(x) \longmapsto -i\phi_a^{(-,+)}(-x)$$

に対して不変です.

スピノール型に対する反転変換には i 倍がいります. なぜかというと, $\phi(x)$ が $U^{(+,-)}$ 型のスピノール場のとき, 複素共役 $\overline{\phi}(x)$ は, $U^{(-,+)}$ 型に属しているからです. 今, 場の方程式には, $\phi(x)$, $\overline{\phi}(x)$ の両方が含まれていてもよいとしていることに注意しましょう. 単に $\phi_a^{(\pm,\mp)}(x) \to \pm\phi_a^{(\pm,\mp)}(-x)$ としたのでは, そのことと矛盾してしまいます.

方程式の具体的な形はわからなくても, 自由場の解空間には, このような対称性があるということになります. つまり, ひとつ解があたえられると, 反転変換によってもうひとつ自動的に, 一般には異なる解がえられるというわけです.

解空間の対称性

スピノール場の組に対する場の方程式について以下がいえる.

- テンソル型の場合, 一斉に行う反転変換

$$\phi_a^{(+,+)}(x) \longmapsto \phi_a^{(+,+)}(-x),$$
$$\phi_b^{(-,-)}(x) \longmapsto -\phi_a^{(+,+)}(-x)$$

  に対して不変.

- スピノール型の場合, 一斉に行う反転変換

$$\phi_a^{(+,-)}(x) \longmapsto i\phi_a^{(+,-)}(-x),$$
$$\phi_b^{(-,+)}(x) \longmapsto -i\phi_a^{(-,+)}(-x)$$

  に対して不変.

この変換の性質を使うと, スピノール場のエネルギー密度について, ある重要なことがわかります. まずはそれをみておきましょう.

エネルギー密度はストレス・エネルギーテンソルという2階の対称ローレンツ・

テンソル場 $T_{\mu\nu}$ の時間成分, T_{00} であたえられます. 今問題にしているスピノール場の理論は, 具体的にあたえられているわけではないので, ストレス・エネルギーテンソルの具体的な表式もわかりません. ですが, $T_{\mu\nu}$ はスピノール表示で $T_{AB'CD'}$ なので, スピノールの形としては, $U^{(+,+)}$ 型だということはいえます. また, 一般にスピノール場の 2 次の同次多項式であたえられます.

そのようなものをテンソル型の組で作るとすると,

$$
\begin{aligned}
T = &\sum \left[D^{(+)}(i\partial)\phi^{(+,+)} \right] D^{(+)}(i\partial)\phi^{(+,+)} \\
&+ \sum \left[D^{(+)}(i\partial)\phi^{(-,-)} \right] D^{(+)}(i\partial)\phi^{(-,-)} \\
&+ \sum \left[D^{(+)}(i\partial)\phi^{(+,+)} \right] D^{(-)}(i\partial)\phi^{(-,-)} \\
&+ \sum \left[D^{(+)}(i\partial)\phi^{(-,-)} \right] D^{(-)}(i\partial)\phi^{(+,+)}
\end{aligned}
$$

という形をしていなければなりません. これに対して反転変換を考えると,

$$
T(x) \longmapsto T(-x)
$$

となります. このことから, 何か特別なことがいえるわけではありません.

それに対して, スピノール型の組で作るとすると,

$$
\begin{aligned}
T = &\sum \left[D^{(+)}(i\partial)\phi^{(+,-)} \right] D^{(+)}(i\partial)\phi^{(+,-)} \\
&+ \sum \left[D^{(+)}(i\partial)\phi^{(-,+)} \right] D^{(+)}(i\partial)\phi^{(-,+)} \\
&+ \sum \left[D^{(+)}(i\partial)\phi^{(+,-)} \right] D^{(-)}(i\partial)\phi^{(-,+)} \\
&+ \sum \left[D^{(+)}(i\partial)\phi^{(-,+)} \right] D^{(-)}(i\partial)\phi^{(+,-)}
\end{aligned}
$$

という形しかありません. これに対して反転変換を施すと,

$$
T(x) \longmapsto -T(-x)
$$

となってしまいます. これは, スピノール型の組から作られるエネルギー密度は, 正負どちらの値もとりうることを意味します. 系が安定なためには, エネルギーは下限をもっていてほしいので, 大変困った状況です. ディラック・スピノールの場合は, 反交換関係で量子化することにより, エネルギーを正定値にすることができたことを思い出してください. 一般のスピノール型の組から作られる理論では, 反交換関係で量子化することによって, エネルギーを正定値にすることができる保証はできません. しかし少なくとも, 交換関係で量子化したらエネルギー密度を構成する各項の符号を反転することはできないので, エネルギーが正定値にな

ることはないでしょう. つまり, 半整数スピンの場は, ボゾンではありえないということはいえます.

エネルギー密度の議論では, 整数スピンの場の統計性については何もいうことができませんでした. 量子化について, もっと具体的に考えなければなりません. Ψ, Π を場の配位, 運動量として, 量子化は,

$$[\Psi(t, \boldsymbol{x}), \Psi(t, \boldsymbol{y})]_\pm = 0,$$

$$[\Pi(t, \boldsymbol{x}), \Pi(t, \boldsymbol{y})]_\pm = 0,$$

$$[\Psi(t, \boldsymbol{x}), \Pi(t, \boldsymbol{y})]_\pm = i\delta^3(\boldsymbol{x} - \boldsymbol{y}),$$

$$\left[\Psi(t, \boldsymbol{x}), \Psi(t, \boldsymbol{y})^*\right]_\pm = 0,$$

$$\left[\Pi(t, \boldsymbol{x}), \Pi(t, \boldsymbol{y})^*\right]_\pm = 0,$$

$$\left[\Psi(t, \boldsymbol{x}), \Pi(t, \boldsymbol{y})^*\right]_\pm = 0$$

のような形で行われます. ただし, 交換関係を用いるのか, 反交換関係を用いるのかは今のところ限定しないでおきます.

場の量子化をあたえる条件式は, このように同時刻におけるハイゼンベルク描像の作用素の間の関係式になるのですが, 特殊相対論では「同時刻」という概念には意味がありません. x, y が時空の空間的に離れた 2 点なら, これらが同時刻であるような慣性系が存在するので, $[\Phi(x), \widetilde{\Phi}(y)]_\pm$ のような量はゼロでなければなりません. $x = y$ のときだけは, デルタ関数的な特異性をもつかもしれません.

パウリは, 特にスピノール場 $\Psi(x), \Psi^*(y)$ に対する交換/反交換関係に着目しました. そして, それらは

$$\left[\Psi_{B'\cdots}^{A\cdots}(x), \left(\Psi_{D'\cdots}^{C'\cdots}(y)\right)^*\right]_\pm = (D_{D\cdots B'\cdots}^{A\cdots C'\cdots} G)(x - y)$$

という形をしていると仮定しました.

ただし, $D_{D\cdots B'\cdots}^{A\cdots C'\cdots}$ は左辺と同じスピノール添字をもつ微分作用素です. この微分作用素は定数スピノール $\epsilon_{AB}, \epsilon_{A'B'}$ と $\partial_{AB'}$ のみで構成されています.

$G(x) = G(x^0, x^1, x^2, x^3)$ は

- $\eta_{\mu\nu} x^\mu x^\nu$ のみに依存する実数値関数
- クライン・ゴルドン方程式

$$(\partial_\mu \partial^\mu + m^2)G(x) = 0$$

をみたす

● 同時刻 $t = 0$ では

$$G(0, \boldsymbol{x}) = 0,$$

$$(\partial_0 G)(0, \boldsymbol{x}) = \delta^3(\boldsymbol{x})$$

をみたす

で特徴付けられる関数です. これらの条件はクライン・ゴルドン方程式の初期値
問題の解として一意的に G をあたえるので, それを解くと $m > 0$ なら

$$G(t, \boldsymbol{x}) = \int \frac{d^3\boldsymbol{p}}{(2\pi)^3} \frac{\sin(\omega_{\boldsymbol{k}} t)}{\omega_{\boldsymbol{k}}} e^{i\boldsymbol{k}\cdot\boldsymbol{x}}$$

という形になります. これはパウリ・ヨルダン関数といわれるものですが, この形
は以下の議論では必要ないです. ただ,

● パウリ・ヨルダン関数 G には

$$G(t, \boldsymbol{x}) = G(t, -\boldsymbol{x}) = -G(-t, \boldsymbol{x})$$

という対称性がある

ということに注意しておきます.

G がクライン・ゴルドン方程式をみたさなければならないという根拠は, スピ
ノール場の組を構成するそれぞれのスピノール場がクライン・ゴルドン方程式を
みたすことにあります. これは, スピノール場の運動方程式がクライン・ゴルドン
方程式だという意味ではないです. 場の運動方程式からクライン・ゴルドン方程
式が導かれるという意味で, このことは仮定します.

テンソル型の組に属するスピノールの場合, 反交換関係を設定すると,

$$\left[\Psi^{(\pm,\pm)}(x), \left(\Psi^{(\pm,\pm)}(y) \right)^* \right]_+ = (D^{(+,+)} G)(x - y)$$

という形になります. ただし, $D^{(+,+)}$ は $U^{(+,+)}$ 型の微分作用素です.

次の量

$$X(x, y) := \left[\Psi^{(\pm,\pm)}(x), \left(\Psi^{(\pm,\pm)}(y) \right)^* \right]_+ + \left[\Psi^{(\pm,\pm)}(y), \left(\Psi^{(\pm,\pm)}(x) \right)^* \right]_+$$

を考えます. これは, x, y の入れかえに対して不変な作用素です. 一方, 量子化の
条件から,

$$X(x, y) := (D^{(+,+)} G)(x^0 - y^0, \boldsymbol{x} - \boldsymbol{y}) + (D^{(+,+)} G)(y^0 - x^0, \boldsymbol{y} - \boldsymbol{x})$$

となります. $D^{(+,+)}$ は偶数階の微分しか含まないことに注意しましょう. そうす
ると, $D^{(+,+)} G$ は引数 x^μ について G と同じ偶奇性をもっています. つまり,

$$(D^{(+,+)}G)(t, \boldsymbol{x}) = (D^{(+,+)}G)(t, -\boldsymbol{x}) = -(D^{(+,+)}G)(-t, \boldsymbol{x})$$

が成り立ちます. このことから,

$$(D^{(+,+)}G)(t, \boldsymbol{x}) = -(D^{(+,+)}G)(-t, -\boldsymbol{x})$$

です. つまり,

$$X(x, y) = 0$$

となります. そうすると, $|\psi\rangle$ を任意の状態として,

$$
\begin{aligned}
0 &= \langle\psi|\, X(x,y)\, |\psi\rangle \\
&= \left\langle\psi\right|\, \Psi^{(\pm,\pm)}(x)\left(\Psi^{(\pm,\pm)}(y)\right)^*\left|\psi\right\rangle + \left\langle\psi\right|\, \Psi^{(\pm,\pm)}(y)\left(\Psi^{(\pm,\pm)}(x)\right)^*\left|\psi\right\rangle \\
&\quad + \left\langle\psi\right|\left(\Psi^{(\pm,\pm)}(y)\right)^*\Psi^{(\pm,\pm)}(x)\left|\psi\right\rangle + \left\langle\psi\right|\left(\Psi^{(\pm,\pm)}(x)\right)^*\Psi^{(\pm,\pm)}(y)\left|\psi\right\rangle
\end{aligned}
$$

がいえます. $y \to x$ の極限を考えると,

$$\left\|\Psi^{(\pm,\pm)}(x)\,|\psi\rangle\right\|^2 + \left\|\left(\Psi^{(\pm,\pm)}(x)\right)^*|\psi\rangle\right\|^2 = 0$$

となります. これは, すべてのテンソル型の組に属するスピノール場の作用素が
ゼロ作用素だということを意味しています. つまり, 整数スピンの場をフェルミ
オンとして扱うことは不可能だということになります.

スピン・統計定理

- 半整数スピンの場をボゾンとして量子化すると, エネルギーが正定値とならない
  ので不合理.
- 整数スピンの場をフェルミオンとして量子化すると, スピノール場を量子化した
  作用素がゼロ作用素となるので不合理.

11

隠れた変数理論

完璧に制御された純粋アンサンブルでも, 測定値は確率的にしか予言できません. これは自然界の性質で, 実験してみると実際に測定値はバラつきます.

測定値が確率的になるのは, 量子力学に限ったことではないです. サイコロを振って出る目が確率的にしか予言できないのは, 古典力学的な現象です. サイコロの確率の起原は, サイコロを振るときに生じる微妙な初期条件の違いをみないことにしたこと, つまり物理系の粗視化をしたことにあるだけです.

注意深い人なら, 量子力学に組み込まれている確率は, 実は物理系の粗視化による確率として理解できるのではないか, と疑ってみたくなるでしょう.

量子力学の基礎付けに関するこのような疑問は, 昔からあったのですが, 量子力学が予言する確率が古典力学では決して説明できないことが実験的に示されました. その時に考えられていたいくつかの古典力学的なモデルが「隠れた変数理論」です. 結局それらはうまくいかなくて, 量子力学は本当に必要な理論なんだ, ということをみていきたいと思います.

■ 11.1 隠れた変数

隠れた変数理論というのは, ある理論を 1 つ考えて, それに対していう言葉です. ある理論 T で, 系の 1 つの状態がある状態空間 S の点 x と表され, 観測量は x の関数として書けるとします. 別の理論 $\tilde{T}$ では, 同じ系を記述するのに, 理論 T にはあらわれないパラメータ λ によって系の状態が記述され, T における状態や観測量が, λ に関する何らかの平均操作によってえられるとき, $\tilde{T}$ は T に対する隠れた変数理論といいます. 例えば, 気体の熱力学に対して, 分子運動論は隠れた変数理論です.

量子力学に対する隠れた変数理論は,「これです」と 1 つ決まっているわけでは

なくて, 変種がたくさんある感じです. 一般的にいわれている隠れた変数理論は, 量子力学 QM の結果を再現する理論 $\widetilde{\mathrm{QM}}$ のつもりで作られたのですが, 完璧に再現することが保証されたものではないです. 真の意味で隠れた変数理論ではなくて,「潜在的」隠れた変数理論です.

多くの隠れた変数理論に共通しているのは, オブザーバブル O_A の 1 回の測定に対する測定値は, O_A がはじめから所有していた値と考えることです. 所有する値は, 隠れた変数 λ によって決まっています.

もちろん, 量子力学は λ を記述していません. 純粋アンサンブルの状態は, ヒルベルト空間のベクトル ψ で表されますが, ψ は λ の確率分布を決めていると考えます.

ですから, ψ による状態の記述は不完全で, その不完全さは観測者の「無知」からきていると考えるわけです. 隠れた変数理論では, 量子力学では記述されない, いってみればミクロな (微視的な) 状態が λ によって記述されていて, 測定値はアンサンブルの各サンプルごとに, あらかじめ決まっていることになります.

隠れた変数全体のなす集合を Ω とすると, オブザーバブル O_A の値は, 実関数 $\mathrm{Val}_A : \Omega \to \mathbb{R}$ であたえられます. Val_A の関数形は, O_A だけで決まるかもしれませんし, O_A と状態 ψ によるかもしれません. 隠れた変数理論の種類によります.

■ 11.2 オブザーバブルの所有値

純粋アンサンブルの各サンプルについて, オブザーバブル $O_A, O_B, \ldots$ があらかじめ確定した値を所有していたとしましょう. つまり, サンプルのミクロな状態が $\lambda \in \Omega$ のとき, O_A の所有値は関数の値 $\mathrm{Val}_A(\lambda)$ として決まるとします. また, 純粋アンサンブルの状態によって Ω 上の確率分布 $\rho_\psi(\lambda)d\lambda$ が決まるとします.

あたえられた $\lambda \in \Omega$ に対して, 次のような形の命題を考えてみましょう.

$$\alpha = (\text{オブザーバブル } O_A \text{ が値 } a \text{ を所有している})$$

このようなものを仮に所有値命題とよぶことにします. 所有値命題 α に対して, Ω 上の関数 χ_α を

$$\chi_\alpha(\lambda) = \begin{cases} 1, & (\alpha \text{ が真}) \\ 0, & (\alpha \text{ が偽}) \end{cases}$$

とします. これを命題 α の定義関数とよびましょう.

α が真である確率を $P(\alpha)$ と書くと,

$$P(\alpha) = \int_\Omega \chi_\alpha(\lambda)\rho_\psi(\lambda)d\lambda$$

となります.

いくつかの所有値命題

$$\alpha = (\text{オブザーバブル } O_A \text{ が値 } a \text{ を所有している}),$$

$$\beta = (\text{オブザーバブル } O_B \text{ が値 } b \text{ を所有している}),$$

$$\vdots$$

$$\gamma = (\text{オブザーバブル } O_C \text{ が値 } c \text{ を所有している})$$

に対して,これらが同時に真だという命題を α, β,...,γ の結合命題といって,$\alpha \wedge \beta \wedge \cdots \wedge \gamma$ と書きます.結合命題が真になる結合確率は

$$P(\alpha \wedge \beta \wedge \cdots \wedge \gamma) = \int_\Omega \chi_{\alpha \wedge \beta \wedge \cdots \wedge \gamma}(\lambda)\rho_\psi(\lambda)d\lambda$$

$$= \int_\Omega \chi_\alpha(\lambda)\chi_\beta(\lambda)\ldots\chi_\gamma(\lambda)\rho_\psi(\lambda)d\lambda$$

です.

α が偽だという命題を α の否定命題といって,ここでは $\overline{\alpha}$ と書きます.否定命題の定義関数は,$\chi_{\overline{\alpha}} = 1 - \chi_\alpha$ となるので,

$$P(\overline{\alpha}) = \int_\Omega \chi_{\overline{\alpha}}(\lambda)\rho_\psi(\lambda)d\lambda$$

$$= \int_\Omega [1 - \chi_\alpha(\lambda)]\rho_\psi(\lambda)d\lambda$$

$$= 1 - P(\alpha)$$

です.

より一般に,

$$P(\overline{\alpha} \wedge \beta \wedge \cdots \wedge \gamma) = \int_\Omega [1 - \chi_\alpha(\lambda)]\chi_\beta(\lambda)\ldots\chi_\gamma(\lambda)\rho_\psi(\lambda)d\lambda$$

$$= P(\beta \wedge \cdots \wedge \gamma) - P(\alpha \wedge \beta \wedge \cdots \wedge \gamma)$$

となっています.

次は結合確率に関する基本的な不等式です.

結合確率の不等式 I

所有値命題 α, β, γ に対して

$$S(\alpha, \beta, \gamma) := P(\alpha) - P(\alpha \wedge \beta) + P(\beta \wedge \gamma) - P(\gamma \wedge \alpha)$$

とすると,

$$S(\alpha, \beta, \gamma) \geq 0$$

が成り立つ.

(証明)

2 つの不等式

$$P(\alpha \wedge \beta \wedge \gamma) \leq P(\beta \wedge \gamma),$$

$$P(\alpha \wedge \beta \wedge \overline{\gamma}) \leq P(\alpha \wedge \overline{\gamma}) = P(\alpha) - P(\gamma \wedge \alpha)$$

の和をとると,

$$P(\alpha \wedge \beta) \leq P(\beta \wedge \gamma) + P(\alpha) - P(\gamma \wedge \alpha)$$

となりますが, これは $S(\alpha, \beta, \gamma) \geq 0$ と同じことです. (証明終)

この結果を使うと, 次も出ます.

結合確率の不等式 II

所有値命題 $\alpha, \beta, \gamma, \delta$ に対して

$$T(\alpha, \beta, \gamma, \delta) := P(\alpha) - P(\alpha \wedge \beta) + P(\beta) - P(\beta \wedge \gamma) + P(\gamma \wedge \delta) - P(\delta \wedge \alpha)$$

とすると,

$$0 \leq T(\alpha, \beta, \gamma, \delta) \leq 1$$

が成り立つ.

(証明)

$T(\alpha, \beta, \gamma, \delta) \geq 0$ のほうは不等式

$$S(\alpha, \gamma, \delta) + S(\beta, \alpha, \gamma) \geq 0$$

からただちにしたがいます.

次に, $S(\gamma, \alpha, \delta) \geq 0$ より,

$$P(\gamma) - P(\gamma \wedge \alpha) + P(\alpha \wedge \delta) - P(\delta \wedge \alpha) \geq 0$$

ですが, $P(\gamma \wedge \alpha) = P(\alpha) - P(\overline{\gamma} \wedge \alpha)$ を代入して,

$$P(\gamma) - P(\alpha) + P(\overline{\gamma} \wedge \alpha) + P(\alpha \wedge \delta) - P(\delta \wedge \alpha) \geq 0 \tag{11.1}$$

をえます.

また, $S(\overline{\gamma}, \alpha, \beta) \geq 0$ より,

$$P(\overline{\gamma}) - P(\overline{\gamma} \wedge \alpha) + P(\alpha \wedge \beta) - P(\beta \wedge \overline{\gamma}) \geq 0$$

ですが, $P(\beta \wedge \overline{\gamma}) = P(\beta) - P(\beta \wedge \gamma)$ を代入すると,

$$P(\overline{\gamma}) - P(\overline{\gamma} \wedge \alpha) + P(\alpha \wedge \beta) - P(\beta) + P(\beta \wedge \gamma) \geq 0 \tag{11.2}$$

です.

$T(\alpha, \beta, \gamma, \delta) \leq 1$ は, 不等式 (11.1), (11.2) の辺々の和をとると出てきます.

(証明終)

今示した不等式

$$0 \leq P(\alpha) - P(\alpha \wedge \beta) + P(\beta) - P(\beta \wedge \gamma) + P(\gamma \wedge \delta) - P(\delta \wedge \alpha) \leq 1$$

は, クローサー・ホーン (CH) 不等式といいます.

もう少し見やすい形に書けます. 所有値命題 α, β に対して,

$$\alpha \oplus \beta := (\alpha \wedge \overline{\beta}) \vee (\overline{\alpha} \wedge \beta)$$

を α と β の排他的論理和といいます.

CH 不等式

所有値命題 α, β, γ, δ に対して不等式

$$0 \leq P(\alpha \oplus \beta) + P(\beta \oplus \gamma) - P(\gamma \oplus \delta) + P(\delta \oplus \alpha) \leq 2$$

が成り立つ. これをクローサー・ホーン (CH) 不等式という.

(証明)

$\alpha \oplus \beta$ が真となる確率は

$$P(\alpha \oplus \beta) = P(\alpha) + P(\beta) - 2P(\alpha \wedge \beta)$$

であたえられるので,

$$P(\alpha \oplus \beta) + P(\beta \oplus \gamma) - P(\gamma \oplus \delta) + P(\delta \oplus \alpha)$$
$$= P(\alpha) + P(\beta) - 2P(\alpha \wedge \beta)$$
$$\quad + P(\beta) + P(\gamma) - 2P(\beta \wedge \gamma)$$
$$\quad - P(\gamma) - P(\delta) + 2P(\gamma \wedge \delta)$$
$$\quad + P(\delta) + P(\alpha) - 2P(\delta \wedge \alpha)$$
$$= 2T(\alpha, \beta, \gamma, \delta)$$

となることに注意すればよいです. (証明終)

■ 11.3 ベル不等式

所有値命題に対する CH 不等式を具体的な系の場合にあてはめて, どうなるのかみてみましょう.

$\mathbb{R}^3$ の異なる 2 点にそれぞれスピン 1/2 の粒子 a, b があるとしましょう. どこでもよいですが, 例えば a の位置を $(-L, 0, 0)$, b の位置を $(L, 0, 0)$ としましょう. 粒子 a に対して, θ を角度パラメータとしてもつオブザーバブル $O^a_{\sigma(\theta)}$ を考えます. 対応するエルミート作用素 $\sigma(\theta)$ の行列は

$$\boldsymbol{\sigma}(\theta) := \sin\theta\boldsymbol{\sigma}_2 + \cos\theta\boldsymbol{\sigma}_3 = \begin{pmatrix} \cos\theta & -i\sin\theta \\ i\sin\theta & -\cos\theta \end{pmatrix}$$

です. これは, yz 平面内で z 軸とのなす角が θ の方向のスピンの測定に対応します. 同様に粒子 b に対しても, 角度パラメータ ϕ をもつオブザーバブル $O^b_{\sigma(\phi)}$ を考えます.

この系の純粋アンサンブルがあるとして, 次のような多数回測定をします. 2 人の観測者 a', b' がいて, 観測者 a' は粒子 a, 観測者 b' は粒子 b を観測する係です. あらかじめ角度パラメータ θ として, θ_1, θ_2 の 2 通り, 角度パラメータ ϕ として ϕ_1, ϕ_2 の 2 通りを想定しておきます. 純粋アンサンブルの各サンプルごとに, 観測者 a' は $i = 1, 2$ のうち 1 つを選び, オブザーバブル $O^a_{\sigma(\theta_i)}$ の測定をします. 同時に, 観測者 b' も $j = 1, 2$ のどちらかを選び, オブザーバブル $O^b_{\sigma(\phi_j)}$ の測定をします. ただし, 各観測者が何を測定するのかは, 状態生成後に事後選択していると考えています. 観測者 a', b' は, 1 回の測定でそれぞれ測定値 1 または -1 をえます.

観測者 a' が $\theta = \theta_i$, 観測者 b' が $\phi = \phi_j$ を選んだときの, それぞれの測定値

の積の多数回測定による平均値を $E(\theta_i, \phi_j)$ としましょう. 多数回測定によって, $E(\theta_1, \phi_1)$, $E(\theta_1, \phi_2)$, $E(\theta_2, \phi_1)$, $E(\theta_2, \phi_2)$ がえられることになります.

　隠れた変数理論では, 観測者 a', b' の各サンプルごとのそれぞれの測定値は, サンプルのミクロ状態 λ によってあらかじめ決まっていることになります. すると, $E(\theta_i, \phi_j)$ は所有値命題たち

$$\alpha(\theta_i, \pm1) := (\text{オブザーバブル } O^a_{\sigma(\theta_i)} \text{ が値 } \pm1 \text{ を所有している}),$$
$$\beta(\phi_j, \pm1) := (\text{オブザーバブル } O^b_{\sigma(\phi_j)} \text{ が値 } \pm1 \text{ を所有している})$$

の結合確率を用いて

$$E(\theta_i, \phi_j) = P\left(\alpha(\theta_i, +1) \wedge \beta(\phi_j, +1)\right) - P\left(\alpha(\theta_i, +1) \wedge \beta(\phi_j, -1)\right)$$
$$- P\left(\alpha(\theta_i, -1) \wedge \beta(\phi_j, +1)\right) + P\left(\alpha(\theta_i, -1) \wedge \beta(\phi_j, -1)\right)$$

と書けることになります.

　ここで,

$$P\left(\alpha(\theta_i, +1) \oplus \beta(\phi_j, +1)\right)$$
$$= P\left(\alpha(\theta_i, +1) \wedge \beta(\phi_j, -1)\right) + P\left(\alpha(\theta_i, -1) \wedge \beta(\phi_j, +1)\right)$$

と

$$P\left(\alpha(\theta_i, +1) \oplus \beta(\phi_j, +1)\right) + P\left(\alpha(\theta_i, -1) \oplus \beta(\phi_j, -1)\right)$$
$$= 1 - P\left(\alpha(\theta_i, +1) \wedge \beta(\phi_j, -1)\right) - P\left(\alpha(\theta_i, -1) \wedge \beta(\phi_j, +1)\right)$$

に注意すると,

$$P\left(\alpha(\theta_i, +1) \oplus \beta(\phi_j, +1)\right) = \frac{1}{2}\left[1 - E(\theta_i, \phi_j)\right]$$

が成り立っていることがわかります.

　これを用いて,

$$(\alpha, \beta, \gamma, \delta) = (\alpha(\theta_1, +1), \beta(\phi_1, +1), \alpha(\theta_2, +1), \beta(\phi_2, +1))$$

に対して CH 不等式を適用すると, 次をえます.

CHSH 不等式

　観測者 a', b' の測定値の積の平均値 $E(\theta_i, \phi_j)$ たちは, 不等式

$$-2 \leq E(\theta_1, \phi_1) + E(\theta_1, \phi_2) + E(\theta_2, \phi_1) - E(\theta_2, \phi_2) \leq 2$$

をみたす. これを, クローサー・ホーン・シモニー・ホルト (CHSH) 不等式という.

CHSH 不等式のような, 隠れた変数理論における測定値の統計に関する不等式は, ベル不等式とよばれることがあります. もともとベル不等式というのが最初に発見されて, その他のものは, 大体それを一般化したものになっているからです.

CHSH 不等式において, 角度パラメータを特別な値に選ぶと次がえられます.

CHSH 不等式 (特殊な場合)

$\theta_1 = 0,\ \theta_2 = \theta,\ \phi_1 = 0,\ \phi_2 = -\theta$ と選び,

$$S(\theta) := E(0,0) + E(0,-\theta) + E(\theta,0) - E(\theta,-\theta)$$

とする. このとき不等式

$$-2 \le S(\theta) \le 2$$

が成り立つ.

一般にベル不等式は, オブザーバブルが測定前からあらかじめ値を所有していることを実験的に否定するためのものです. 量子力学の予言では, θ の値によっては CHSH 不等式は成り立たない場合があり, 実験してみると, 量子力学の予言のほうが正しいという結果になります.

では, 量子力学にしたがうと CHSH 不等式が成り立たない例をみてみましょう. 粒子 a, b のスピンの状態に着目すると, 合成系の純粋状態は 2 次元複素ユークリッド・ベクトル空間 $\mathcal{H}_a, \mathcal{H}_b$ のテンソル積 $\mathcal{H}_a \otimes \mathcal{H}_b$ のベクトル ψ で表されます. $\mathcal{H}_a$ の正規直交基底を $e_1 = {}^t(1,0)$, $e_2 = {}^t(0,1)$, $\mathcal{H}_b$ の正規直交基底を $f_1 = {}^t(1,0)$, $f_2 = {}^t(0,1)$ として, 合成系の純粋状態を

$$\psi = \frac{1}{\sqrt{2}}(e_1 \otimes f_2 - e_2 \otimes f_1)$$

としましょう. ψ は $\|\psi\| = 1$ と規格化してあります.

オブザーバブル $O^a_{\sigma(\theta)}$, $O^b_{\sigma(\phi)}$ の積に対応する $\mathcal{H}_a \otimes \mathcal{H}_b$ 上のエルミート作用素は $\sigma^a(\theta) \otimes \sigma^b(\phi)$ なので, 積の多数回測定による平均値は

$$
\begin{aligned}
E(\theta, \phi) &= m\left(O^a_{\sigma(\theta)} O^b_{\sigma(\phi)}\right) = \left\langle \psi, \left[\sigma^a(\theta) \otimes \sigma^b(\phi)\right]\psi \right\rangle \\
&= \frac{1}{2}\langle e_1, \sigma^a(\theta)e_1 \rangle \left\langle f_2, \sigma^b(\phi)f_2 \right\rangle - \frac{1}{2}\langle e_1, \sigma^a(\theta)e_2 \rangle \left\langle f_2, \sigma^b(\phi)f_1 \right\rangle \\
&\quad - \frac{1}{2}\langle e_2, \sigma^a(\theta)e_1 \rangle \left\langle f_1, \sigma^b(\phi)f_2 \right\rangle + \frac{1}{2}\langle e_2, \sigma^a(\theta)e_2 \rangle \left\langle f_1, \sigma^b(\phi)f_1 \right\rangle \\
&= -\cos(\theta - \phi)
\end{aligned}
$$

と計算できます. これから, 量子力学の予言は

$$S(\theta) = -1 - 2\cos\theta + \cos(2\theta)$$

です. そして $\theta \in (0, \pi/2)$ のとき, CHSH 不等式をみたしません.

　量子力学の予言が正しくて, ベル不等式はみたされないことは, アスペたちによって実験で確かめられました. 量子力学的な現象は真に量子力学的で, 統計力学のようなものでは説明がつかないというわけです.

　ただ, これによってすべての隠れた変数理論が排除されたというわけでもありません. 粒子 a を測定した瞬間に粒子 b の測定値が影響を受けるような, 非局所的な相互作用をする隠れた変数だったらどうか, など実験結果を説明するためだけなら無理やり考えることはできます. 多分変なものしか残らないと思いますけれど.

■ 11.4 コッヘン・シュペッカーのパラドックス

　ベルの不等式は, 実験的に素朴な隠れた変数理論を排除するのですが, オブザーバブルがあらかじめ値をもっていること自体, そもそもよいの？ という疑問もあります. オブザーバブルが値を所有するとした瞬間に, 内部矛盾が生じるのではないのか, という心配です.

　心配は当たっていて, コッヘンとシュペッカーによるパラドックスが生じてしまいます. それは次のようなものです.

　系の状態が n 次元複素ユークリッド・ベクトル空間 $\mathcal{H}$ のベクトル ψ で表される純粋状態にあるとします. 純粋アンサンブルの各サンプルは, 隠れた変数 $\lambda \in \Omega$ をもっていて, 各オブザーバブル O_A はサンプルごとに値 $\mathrm{Val}_A(\lambda)$ をもっているとしましょう.

　O_A の測定値は, 対応するエルミート作用素 A の固有値のどれかなので, $\mathrm{Val}_A(\lambda)$ は A の固有値のどれかということになります.

　$\mathcal{H}$ の正規直交基底 $e_1, \ldots, e_n$ に対して, 1 次元部分空間 $\mathbb{C}e_k$ への射影をそれぞれ P_k とします. 対応するオブザーバブル O_{P_k} の所有値 $f_{P_k}(\lambda)$ は 0 または 1 です.

　O_{P_k} たちは, 同時測定が可能です. 実際,

$$A = \sum_{k=1}^{n} a_k P_k, \quad (a_1 > a_2 > \cdots > a_n)$$

に対応する極大オブザーバブル O_A の測定をすれば $O_{P_k}, (k = 1, \ldots, n)$ の値は O_A の多項式として一斉に取得できます. 例えば, $O_A = a_j$ という結果なら, O_{P_j}

だけが 1 で, その他の O_{P_k} は 0 ということになります.

今, 極大オブザーバブル O_A の測定をたまたますれば所有値 $\mathrm{Val}_{P_k}(\lambda)$, $(k = 1, \ldots, n)$ が明らかになるのですが, この測定をしなくても, これらの所有値はこのサンプルにともなっていたはずだと考えます. 同様に, 別の測定の基底 $P'_1, \ldots, P'_n$ についても, 明らかにならなかっただけで値 $\mathrm{Val}_{P'_k}(\lambda)$ をもっていたはずで, 1 つだけが値 1, 残りの $(n-1)$ 個が値 0 をもっていたはずです.

$\mathcal{H}$ の単位球面を $S = \{\psi \in \mathcal{H} \mid \|\psi\| = 1\}$ とするとき, S の各点は単位ベクトルです. それに対して射影作用素が決まっていて, 対応するオブザーバブルの値 0 または 1 が決まっていることになります. また, 互いに直交する単位ベクトル $e_1, \ldots, e_n$ の上では, いつでもその値は 1 つだけ 1, 残りは 0 となっています.

この状況は, 次のような関数があるのと同じことです.

(定義) 0–1 関数

n 次元複素ユークリッド・ベクトル空間の単位球面 S 上の関数 f で,

- f の値は 0 または 1.
- 互いに直交する任意の n 個の単位ベクトル $e_1, \ldots, e_n$ に対して

$$f(e_1) + \cdots + f(e_n) = 1$$

が成り立つ.

をみたすものを, S 上の 0–1 関数という (図 11.1).

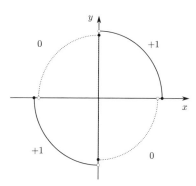

図 11.1 $\mathbb{R}^2$ の単位球面 S (つまり単位円周) 上の 0–1 関数の例.

そして, $n \geq 3$ のとき, そのような 0–1 関数は存在しません.

コッヘン・シュペッカーの定理
　3 次元以上の複素ユークリッド・ベクトル空間の単位球面上に 0–1 関数は存在しない.

この定理は 9 章のグリーソンの定理からただちにしたがいます.

(証明)
　0–1 関数は非負のフレーム関数になっています. グリーソンの定理より, 3 次元以上の複素ユークリッド・ベクトル空間では, 非負のフレーム関数は連続関数です. 値が 0 または 1 の連続関数は, 定数関数しかないので, 0–1 関数にはなりません. (証明終)

　これはコッヘン・シュペッカーの定理の身も蓋もない証明です. もともとは, グリーソンの定理という大道具を用いない, 巧妙で面白い方法で証明されています. その方法というのは, $\mathbb{R}^3$ の単位球面上に 117 個の点をうまくとると, 少なくともその上には条件をみたすように値 0, 1 を割り振ることができないということを示した上で, その事実を利用するものです.

　各サンプルごとにオブザーバブルの値があらかじめ決まっているとすると, 存在するはずのない 0–1 関数が作れてしまうというパラドックスです.

　もし隠れた変数に固執しようとすると, すべてのオブザーバブルにあらかじめ値が割り振られているのではなく, 同時に測定するオブザーバブルの組 $O_{A_1}, \ldots, O_{A_r}$ を決めたときに, その決め方によってそれらの所有値が割り振られると考えるしかありません. これはかなり苦しい言い訳のように聞こえます. オブザーバブルの所有値が同時に測定するオブザーバブルによること, つまり測定の条件に依存することを, 状況依存性とか文脈依存性とかいいます. 状況依存性のない隠れた変数の理論は, 不可能だということになります.

12

多世界解釈

量子力学などの物理の理論は, 現象を数学の言葉で理解するための言語なのですが, 数式と現象がどう対応しているのか, とか数式が何を意味するのか, などの問題に対して指針となる考え方, 解釈が必要です.

今まで話してきた量子力学は, コペンハーゲン解釈という広く普及している解釈に基づいています. ここではそれとは違う, 多世界解釈というものについてお話ししておきます.

測定とは何か, 系の情報を認識するとはどういうことか, と考えるとき, 世界の見方としての1つの視点をあたえてくれます.

■ 12.1 多世界解釈

量子力学は直接知覚できない量子系のオブザーバブルの多数回測定の結果を予測するものです. 測定器は量子系の状態に応じてその状態が変化し, オブザーバブルの値を指し示すことになります. 測定器の状態というのは古典力学的なマクロな状態で, 量子系の情報の一部が古典的な情報に変換されたことになっています.

測定によって, 量子系の状態は測定値に応じて不連続に変化します. この状態の変化は, シュレーディンガー方程式による状態の時間発展とは別のものです.

量子系と測定器をあわせた系を1つの量子系と考えることもできるはずです. 今話していた測定の過程は, 測定器も含めた合成系のシュレーディンガー方程式にしたがって時間発展するはずです. 測定による状態の不連続な変化はなくて, ユニタリー時間発展になっているだけのはずです. この場合でも, その外部にこの系全体を観測する測定器があり, 観測者がいるはずです. それが量子力学の枠組みの前提となっていますから.

どこまでを量子系とみなすかどうかは, 量子力学を適用する側の問題で, 最初か

ら決められているものではありません. 量子系と測定器を 1 つの量子系とみなす
としても, そのような系のハミルトニアンはあまりに複雑で, 誰も解こうとは思わ
ないでしょうが, そう考えるのは自由だという意味です.

　このような見方を極端に進めていくと, 量子力学の多世界解釈, ないしはエベ
レット解釈とよばれる世界観に行き着きます.

　多世界解釈の特徴は,

- 系のアンサンブルではなく, 1 つの物理系に純粋状態が対応している.
- 測定はシュレーディンガー方程式による単なるユニタリー時間発展にすぎな
くて, 理論にとって特別な役割を果たさない.

という立場をとることにあります.

　多世界解釈では, ヒルベルト空間のベクトルが状態を表し, それがシュレーディ
ンガー方程式にしたがってユニタリー時間発展するという点ではコペンハーゲン
解釈と同じですが, ボルン則や波束の収縮のルールは必要ではないという点が違
います. それらはシュレーディンガー方程式から導き出せるはずだと考えます.

　例えば多数の粒子からなる n 自由度の系を考えましょう. 古典力学のハミルト
ン形式では, 系の状態は相空間の 1 点として表されますが, 量子力学では, 状態は
波動関数, つまり配位空間上の複素数値関数 $\psi(q^1, \ldots, q^n)$ で記述されます. 通常
のコペンハーゲン解釈にしたがうと, 配位の測定によって見出される配位空間上
の確率分布は $|\psi|^2$ であたえられます. その場合, この n 自由度の系の外部に測定
を行う観測者がいるという設定になっています. 観測者は波動関数を直接みてい
るわけではなくて, 測定器のさす数値など,「古典論的なできごと」として系の情
報を認識しています.

　多世界解釈では, 基本的に宇宙全体からなる系を想定します. 外部に観測者は
いません. あなたを含めた観測者は系の一部です. そうすると, いつも経験してい
る古典論的なできごとは何なのかという疑問が出てきます. しかし, 私たちが古
典論的なできごととして何かを認識していること自体が物理的な現象です. 相空
間は観測者の感覚や心理状態も含めて記述していると考えます. 観測者が何かを
測定して, 古典論的な情報をえるという過程は, 理論にとって特別な役割を果たす
ものではなく, 一般的な物理現象にすぎないわけです.

　例えば, 相空間の点 A はあなたが嬉しいと感じている古典論的な状態だとしま
しょう. 波動関数でも古典論的な状態に近い振る舞いをするものが考えられるで
しょう. それは, 点 A と同じ配位をもつ配位空間の点 A′ のまわりの狭い領域に局

在した波束で, シュレーディンガー方程式にしたがってしばらくの間は配位空間
上の古典論的な軌道とそっくりな運動をするものです.

　量子力学では波動関数は重ね合わせができます. 例えばあなたが嬉しいと感じ
ている波束と悲しいと感じている波束の和をとって, 2つのピークのある波動関数
を作ることができます. このとき, あなたは嬉しいと同時に悲しいと感じている
状態にあるわけではないです. 2つの心理状態をもつあなたが同時に存在してい
て, この重ね合わせをみている外部の人もいないというだけです. 嬉しいと感じ
ているあなたは, 悲しいと感じているあなたが同時に存在していることを知って
いるわけでもありません. これが「多世界」という意味です.

　ただし, 全宇宙の配位空間はあまりに大きいので, 誰も理解することはできませ
んし, ハミルトニアンがどんなものなのかすら誰にもわかりません. 配位空間上
の波動関数があたえられたとしても, 誰にも理解できませんし, ほとんど何も予言
できません. 人間が何かを予言するのに役に立つのかどうかは今気にしていませ
ん. 世界がどういう仕組みで成り立っているのかという原理的な問題にだけ興味
があります.

　ニュートン力学は決定論的です. ある時刻の系の状態があたえられると, 未来
は一意的に決まるという意味です. コペンハーゲン解釈では, 測定を行うたびに
波動関数が確率的に変化するので量子力学は決定論的ではないです. 多世界解釈
ではシュレーディンガー方程式のみで波動関数のユニタリー時間発展が決められ
ていると思っているので, 決定論的です.

　決定論的ということは, 初期条件で未来のすべてがあらかじめ決まっていると
いうことです. 特に私たちの自由意志というものはないように思えます. ところ
が, 私たちはいつも自分の意思で次に何をするのか決めているように思えます. こ
れも矛盾ではないです. 波動関数の時間発展が決定論的であっても, 波動関数は
同時におこるいくつもの古典論的な可能性を記述しているので, 私たちが意思の
決定をするときに, その選択肢としてある, どの可能性も未来には用意されている
ことになっています. 異なる意思の決定をしたいくつもの自分が同時に存在して
いることを, 波動関数は記述しています. 同時に存在するそれぞれの自分は, 自分
がこの未来を決めたと思い込んでいるわけです.「未来が決まっている」といって
みなさんが多分思うのは, 古典論的なできごととしての未来です. それには無数
の選択肢があります. 私たちの自由意志によって決まる未来があるのと同じこと
です. 多世界解釈では, 決まっているのは量子力学的な波動関数の未来にすぎな

くて, それは誰も感知することのないものです.

■ 12.2 量子力学における確率

　多世界解釈の世界観については大体わかりました. しかし, コペンハーゲン解釈ではオブザーバブルの測定結果についてのパターンをうまく説明しています. これを多世界解釈でも同様に説明する必要があります. 多世界解釈における決定論的な世界観でどうやってボルン則のような確率法則が出てくるのでしょうか.

　簡単なモデルで考えてみましょう. 量子系は 2 次元複素ユークリッド・ベクトル空間 $\mathcal{H}$ で, $\mathcal{H}$ の正規直交基底を e_1, e_2 とします. 測定器も量子系とみなすので, それをヒルベルト空間 $\mathcal{K}$ で表しておきましょう. 測定器の振る舞いは, 量子系と測定器系の相互作用で決まります. 測定器の初期状態を φ_0 とするとき, 合成系 $\mathcal{H} \otimes \mathcal{K}$ の状態のシュレーディンガー方程式による時間発展が

$$e_i \otimes \varphi_0 \dashrightarrow e_i \otimes f_i, \quad (i = 1, 2)$$

だったとしましょう. ただし, f_1, f_2 は $\mathcal{K}$ の互いに直交する単位ベクトルです. 測定器の状態が, 量子系の状態に応じて変化する過程になっています.

　量子系の一般の状態

$$\psi = c_1 e_1 + c_2 e_2$$

に対しては,

$$\psi \otimes \varphi_0 = c_1 e_1 \otimes \varphi_0 + c_2 e_2 \otimes \varphi_0 \dashrightarrow c_1 e_1 \otimes f_1 + c_2 e_2 \otimes f_2 = \sum_{i=1}^{2} c_i e_i \otimes f_i$$

となるでしょう. ユニタリー時間発展ということは, 線形ということですから.

　この測定を, 量子系の N 個のコピーに対して行います. 測定器も N 個用意しておきます. すると, 初期状態は

$$\Psi := \underbrace{\psi \otimes \cdots \otimes \psi}_{N \text{ 個}} \otimes \underbrace{\varphi_0 \otimes \cdots \otimes \varphi_0}_{N \text{ 個}}$$

です. 測定は

$$\Psi \dashrightarrow \Psi' = \sum c_{i_1} \cdots c_{i_N} E_{i_1, \ldots, i_N},$$

$$E_{i_1, \ldots, i_N} := e_{i_1} \otimes \cdots \otimes e_{i_N} \otimes f_{i_1} \otimes \cdots \otimes f_{i_N}$$

というユニタリー時間発展ということになります.

Ψ' をもう少し書き直してみます. $g(i_1, \ldots, i_N)$ は, $i_1, \ldots, i_N$ のうち 1 が何個あるのかをあたえる関数とします.

$$e_k := \sqrt{\frac{k!(N-k)!}{N!}} \sum_{g(i_1,\ldots,i_N)=k} E_{i_1,\ldots,i_N}$$

とすると, e_k は単位ベクトルで,

$$\Psi = \sum_{k=0}^{N} C_k e_k,$$

$$C_k = \sqrt{\frac{N!}{k!(N-k)!}} (c_1)^k (c_2)^{N-k}$$

です. N が大きいとき, 係数 C_k は k が

$$\frac{k}{N} \approx \frac{|c_1|^2}{|c_1|^2 + |c_2|^2}$$

をみたすとき以外は, ほとんどゼロに近い値をとります.

ここで, 多世界解釈の立場について説明しておきます. 宇宙全体の波動関数は巨大な配位空間上の複素数値関数ですが,「波動関数がゼロに近い領域に対応する古典論的なできごとは実際上はおこらない」と思っています.「実際上はおこらない」というのが曖昧な表現なのでよくわかりませんが, 正確な意味はないと思います.

コペンハーゲン解釈におけるボルン則でもそういうところはあって, 多数回測定で測定値 a がえられる頻度が p だという意味は, どんな小さな正数 ϵ に対しても, 測定回数を十分多く増やしていくと, 測定値 a をえる相対頻度 q が $|q-p| > \epsilon$ となることは「実際上はおこらない」です. ここの「実際上はおこらない」を確率が低いことだと思うと, 確率を定義するのに確率を持ち出すことになります. 確率論と現実世界を結びつけるとき, いつもこの点は問題になります. ただ, これで誰も困ることもありません.

多世界解釈では,「実際上はおこらない」の意味ははっきりしていなくて, むしろ「古典論的なできごと A に対応する波動関数はゼロに近い」という類の命題ですべてのことが表現できますよ, という立場をとっているようです.

今の測定のモデルでいえば, $\Psi = \sum_k C_k e_k$ のうち, $C_k e_k$ がゼロに近いことに対応する古典論的できごと, つまりボルン則からずれるような世界は実際上はおこらないといいたいわけです. ただ,「波動関数がゼロに近いところは実際上おこらない」といってしまうと, ほとんどボルン則を仮定していることになります.

　多世界解釈でのボルン則は, こうした特殊な例をいくつか枚挙できるくらいの
ことで, 一般的な形で説明されているわけではないです. 波束の収縮, つまり測定
によって状態ベクトルが射影されるというルールも, 上のような簡単なモデルを
作って, 説明することはできますが, やはり一般的な状況で説明されているわけで
はありません. また, 多世界解釈にしたがったところで, 何か新しいことがいえる
わけでもないです.

　多世界解釈での世界観は, ある意味当然に思えます. しかし, 多世界解釈での決
定論的な世界観から, コペンハーゲン解釈におけるボルン則や波束の収縮が導き
出される仕組みはほとんどわかっていないです. こういう考え方もあることくら
いは知っておいたほうがよいかも, くらいの話だと思います. 私は, 測定を行わな
いものに対して, またアンサンブルではなくて系の 1 つのコピーに対して波動関
数を考えること自体, 意味がないと思います. それをコペンハーゲン解釈という
のかもしれません.

13

量子コンピューター

　量子コンピューターとは何か，について少し気楽な話をしたいと思います．0 と 1 からなる列をビット列といいますが，いわゆるコンピューターの正体は，ビット列を入力すると決まった規則によって別のビット列を出力するものです．それがコンピューターで計算するということです．コンピューターは電子回路で実現することができます．

　ビット列のかわりに量子状態を入力して，ユニタリー変換によって別の量子状態を作るのが量子コンピューターです．出力された状態は，目的の計算結果だけが測定されやすいようになっています．

　ここでは，量子コンピューターを使って素因数分解ができるというショーアのアルゴリズムを紹介します．

■ 13.1　古典的な論理回路

　コンピューターが理解できるのは，ビット列です．0 と 1 からなる集合を $B = \{0, 1\}$ と書きます．k を自然数として，k ビットの列を

$$(x_1, x_2, \ldots, x_k) \in B^k = \underbrace{B \times B \times \cdots \times B}_{k \text{ 個}}$$

のように書きます．B^k は k ビットの列全体のなす集合で，B^k の元は 0 から $2^k - 1$ までの整数の 2 進数表示

$$x_1 + 2x_2 + 2^2 x_3 + \cdots + 2^{k-1} x_k$$

と同一視できます．

　B^k 上のビット値関数 $f : B^k \to B$ をブール関数といいます．これを電子回路などで物理的に実現したものは，コンピューターだといえます．電子回路では，0

と 1 を電圧が低いか高いかで表現します. 1 から k までの番号の振られた k 本の入力端子と 1 本の出力端子がついているデバイスを想像してみるとよいです. どの入力端子の電圧が高いかによって, 出力端子の電圧が決まる装置です. 0 を偽, 1 を真と読み替えれば, ブール関数の役割は論理演算とみることができます. ですから, 上のような電子回路は論理回路といいます.

ブール関数は, より基本的な関数から構成できます. NOT 関数 $f_{\mathrm{NOT}} : B \to B$ を

$$f_{\mathrm{NOT}}(x) = \overline{x} := 1 - x,$$

つまり

$$f_{\mathrm{NOT}}(0) = 1,$$
$$f_{\mathrm{NOT}}(1) = 0$$

と定義します. $\overline{0} = 1, \overline{1} = 0$ をビットの反転といい, ビットの反転が f_{NOT} の役割です.

もうひとつ基本的なものに, 2 ビット入力の AND 関数 $f_{\mathrm{AND}} : B^2 \to B$ があります. これは,

$$f_{\mathrm{AND}}(x_1, x_2) = x_1 \wedge x_2 := x_1 x_2$$

と定義されます. 具体的には,

$$0 \wedge 0 = 0 \wedge 1 = 1 \wedge 0 = 0, \quad 1 \wedge 1 = 1$$

です.

論理回路で $f_{\mathrm{NOT}}, f_{\mathrm{AND}}$ の働きを実現する素子をそれぞれ NOT ゲート, AND ゲートといいます. 任意のブール関数は, f_{NOT} と f_{AND} のいくつかの合成になっています. ですから, どんなブール関数でも, NOT ゲートと AND ゲートを組み合わせることによって, 電子回路として実現できます. そういう意味で, NOT ゲートと AND ゲートは万能ゲートを構成しているといいます.

一般の論理回路は k ビット入力, l ビット出力です. これは, $f_i : B^k \to B$, $(i = 1, 2, \ldots, l)$ の組によって,

$$(x_1, \ldots, x_k) \longmapsto (f_1(x_1, \ldots, x_k), \ldots, f_l(x_1, \ldots, x_k))$$

と書けます. したがって, そのような論理回路は l 個のブール関数の組に対応しています.

■ 13.2 量子コンピューター

量子コンピューターは, 入出力ビットがともに k ビットの論理回路に似ています. ただし, ビット列は量子状態で表現します.

$\mathcal{H}$ を 2 次元複素ユークリッド・ベクトル空間とし, 正規直交基底を $|0\rangle$, $|1\rangle$ と書きます. 複素ユークリッド・ベクトル空間 $\mathcal{H}$, または $\mathcal{H}$ 上の純粋状態のことを量子ビットとよびます. これらの k 個の合成系

$$\mathcal{H}^{\otimes k} = \underbrace{\mathcal{H} \otimes \cdots \otimes \mathcal{H}}_{k \text{ 個}}$$

が状態空間で, k 量子ビットといいます.

k 量子ビットの正規直交基底は,

$$|x_k x_{k-1} \cdots x_1\rangle := |x_k\rangle \otimes |x_{k-1}\rangle \otimes \cdots \otimes |x_1\rangle, \quad \left((x_k, x_{k-1}, \ldots, x_1) \in B^k \right)$$

のように書くことにします.

量子コンピューターの行うことは, ある 1 つの量子状態を初期状態として, それにユニタリー変換を施すことによって, 目標とする量子状態を生成することです. それは, 論理回路にビット列を入力して, いくつかのゲートを通すことにより, 出力ビットを生成することに対応します. 量子コンピューターを設計するための基本的な考え方は, あらかじめ用意されたいくつかの基本的なユニタリー変換の組み合わせによって, 任意のユニタリー変換を作りだすことにあります. その基本的なユニタリー変換の組が, 量子コンピューターにおける万能ゲートです.

まず, あらかじめ固定した, 有限個からなる基本的なユニタリー変換を高々有限回合成することによって, 任意のユニタリー変換を生成することは不可能です. ユニタリー変換は連続パラメータをもつからです. しかし, どんなユニタリー変換であっても任意の精度で近似するような基本的なユニタリー変換の組は存在します. そのような組が, 量子コンピューターにおける万能ゲートとよばれています. ここでは, 量子コンピューターの概念を伝えることだけが目的なので, 万能ゲートを具体的に構成はしません. 任意のユニタリー変換をそのような基本的なユニタリー変換の組み合わせによっていくらでも精度よく実現できるということだけを認めることにしましょう.

x を $0 \leq x \leq 2^k - 1$ をみたす整数とします. x の 2 進数表示を $x_k x_{k-1} \cdots x_1$

としましょう. つまり

$$x = \sum_{j=1}^{k} 2^{j-1} x_j, \quad \left((x_k, x_{k-1}, \ldots, x_1) \in B^k \right)$$

です. すると, $\mathcal{H}^{\otimes k}$ の正規直交基底は

$$|x\rangle := |x_k x_{k-1} \cdots x_1\rangle, \quad (x = 0, 1, \ldots, 2^{k-1} - 1)$$

とも書けます.

結局, 量子コンピューターのする計算は, U を $\mathcal{H}^{\otimes k}$ 上のユニタリー作用素として,

$$|x\rangle \longmapsto U |x\rangle$$

だということができます. そして, 基本的にこの計算は一度だけ行います. 最後に終状態の $U |x\rangle$ の測定も一度だけ行うのですが, このときにはほぼ確実に欲しい結果がえられるような工夫を行います. 測定結果は確率的なので, なぜそれでうまくいくのか不思議に思うでしょう. でもちゃんと理由があります. その仕組みをみてみましょう.

■ 13.3 ショーアのアルゴリズム

量子コンピューターで素因数分解を行う方法についての話です. 実際に解く問題は位数発見問題です.

> **(定義) 位数**
>
> a と m を互いに素な自然数とするとき,
>
> $$a^d \equiv 1, \quad (\mathrm{mod}\ m)$$
>
> となる最小の自然数 d を, a の mod m における位数という.

解きたい問題は, m があたえられたとき, a を適当に選んで a の位数を見つけることです. m としては, 素数 p, q の積となっているものがあたえられますが, p, q が何かは知らされません. m が何桁もあるような巨大な数のとき, 位数を発見するのは計算量が多くなるために困難です. (a, d) の組がえられると, p, q を知る有力な手がかりがえられます. それがなぜかについては, あとで考えることにして, この位数発見問題を解く方法をみてみましょう.

まず, 自然数 m が問題としてあたえられたとします. m 次元複素ユークリッド・ベクトル空間を用意します. それには, $2^M > m$ となる最小の自然数 M に対して, M 量子ビット $\mathcal{H}^{\otimes M}$ があればよいです. 2^M 次元複素ユークリッド空間になってしまいますが, そのうちの m 次元部分空間しか使いません. それを $\mathcal{M}$ としましょう. $\mathcal{M}$ の正規直交基底を

$$|0 + m\mathbb{Z}\rangle_{\mathcal{M}} = |0 \cdots 00\rangle,$$
$$|1 + m\mathbb{Z}\rangle_{\mathcal{M}} = |0 \cdots 01\rangle,$$
$$|2 + m\mathbb{Z}\rangle_{\mathcal{M}} = |0 \cdots 10\rangle,$$
$$\vdots$$
$$|x + m\mathbb{Z}\rangle_{\mathcal{M}} = |x_M \cdots x_2 x_1\rangle, \quad (x_M \cdots x_2 x_1 \text{ は } x \text{ の 2 進数表示})$$
$$\vdots$$
$$|m - 1 + m\mathbb{Z}\rangle_{\mathcal{M}} = |1 * \cdots *\rangle$$

と書きます. ただし, $|x + m\mathbb{Z}\rangle_{\mathcal{M}}$ の x は mod m の数だと思っています. あとで出てくることになりますが, 例えば,

$$|m + m\mathbb{Z}\rangle_{\mathcal{M}} = |0 + m\mathbb{Z}\rangle_{\mathcal{M}}, \quad |m + 1 + m\mathbb{Z}\rangle_{\mathcal{M}} = |1 + m\mathbb{Z}\rangle_{\mathcal{M}}, \cdots$$

です.

これに加えて, 補助的に N 量子ビット $\mathcal{N} = \mathcal{H}^{\otimes N}$ を用意します. $\mathcal{N}$ は $n = 2^N$ 次元複素ユークリッド・ベクトル空間です. $\mathcal{N}$ の正規直交基底を $0 \leq y \leq 2^N - 1$ に対して

$$|y\rangle_{\mathcal{N}} = |y_N \cdots y_2 y_1\rangle, \quad (y_N \cdots y_2 y_1 \text{ は } y \text{ の 2 進数表示})$$

とします. N は適当に大きな数だと思ってください.

合成系 $\mathcal{M} \otimes \mathcal{N}$ の正規直交基底は

$$|x + m\mathbb{Z}\rangle_{\mathcal{M}} \otimes |y\rangle_{\mathcal{N}}, \quad (0 \leq x \leq m - 1, 0 \leq y \leq n - 1)$$

によって構成されています. この $(M + N)$ 量子ビットが物理的に準備されている状況を考えます.

最初に準備する状態は,

$$\psi_0 = |0 + m\mathbb{Z}\rangle_{\mathcal{M}} \otimes |0\rangle_{\mathcal{N}}$$

です. 後ろの N 量子ビットのそれぞれに,

$$U_H : \begin{cases} |0\rangle \longmapsto \dfrac{1}{\sqrt{2}}(|0\rangle + |1\rangle), \\ |1\rangle \longmapsto \dfrac{1}{\sqrt{2}}(|0\rangle - |1\rangle) \end{cases}$$

によって定まるユニタリー変換を施します. このユニタリー変換をアダマール・ゲートといいます. これによって,

$$\underbrace{U_H \otimes U_H \otimes \cdots \otimes U_H}_{N \text{ 個}} : |00\cdots 0\rangle$$

$$\longmapsto \frac{1}{2^{N/2}}(|0\rangle + |1\rangle) \otimes (|0\rangle + |1\rangle) \otimes \cdots \otimes (|0\rangle + |1\rangle)$$

$$= \frac{1}{2^{N/2}} \sum_{(y_N,\ldots,y_1)\in B^N} |y_N \cdots y_1\rangle = \frac{1}{\sqrt{n}} \sum_{y=0}^{n-1} |y\rangle_{\mathcal{N}}$$

と, n 項の重ね合わせの形を作ることができます. 今, 状態は

$$\psi_1 = \frac{1}{\sqrt{n}} \sum_{y=0}^{n-1} |0 + m\mathbb{Z}\rangle_{\mathcal{M}} \otimes |y\rangle_{\mathcal{N}}$$

となっています. 上のような操作は, 量子コンピューター特有のテクニックです. ψ_1 にユニタリー変換を施すと, n 項のそれぞれが一度にユニタリー変換を受けることになり, 莫大な量の計算処理を同時に行う効果があります.

次は, ある特殊なユニタリー変換です. それは $\mathcal{M} \otimes \mathcal{N}$ の正規直交基底に対して,

$$U_a : |x + m\mathbb{Z}\rangle_{\mathcal{M}} \otimes |y\rangle_{\mathcal{N}} \longmapsto |x + a^y + m\mathbb{Z}\rangle_{\mathcal{M}} \otimes |y\rangle_{\mathcal{N}}$$

と作用するものです. これがユニタリー変換だということをみるには, 固定した y に対して, $x \mapsto x + a^y \pmod{m}$ は単に $\mathcal{M}$ の基底の番号をシフトしているだけだということに注意すればよいです.

自然数 a は, あたえられたものではなくて, $1 < a < m$ の範囲でこちらがランダムに選んだものです. うまくいく選び方とそうでないのがありますが, やってみないとわからないので, うまくいったらラッキーだという考え方をします. 心配しなくても, うまくいった場合にはそのことがすぐにわかるようになっています. うまくいかなければ, 違う a を選び直すだけのことです.

a と m とは互いに素, つまり最大公約数 $\gcd(a,m)$ は 1 だとしておきます. $\gcd(a,m)$ はユークリッドの互除法で簡単に求められるので a を選んだときにすぐに確かめることができます. ほとんどおこらないことですけれど, たまたま a と m が互いに素でない場合は, ユークリッドの互除法で $\gcd(a,m) = p$ または q が

求まるので, 量子コンピューターをもっていなくても, ショーアのアルゴリズムによって素因数分解ができたことになります.

それはどうでもよいことなんですけれど, こうして新しい状態

$$\psi_2 = \frac{1}{\sqrt{n}} \sum_{y=0}^{n-1} |a^y + m\mathbb{Z}\rangle_{\mathcal{M}} \otimes |y\rangle_{\mathcal{N}}$$

が作られます.

最後のユニタリー変換は, 後ろの N 量子ビットに対して施します. $\mathcal{N}$ の正規直交基底に対して,

$$U_{\mathrm{FT}} : |y\rangle_{\mathcal{N}} \longmapsto \frac{1}{\sqrt{n}} \sum_{z=0}^{n-1} e^{2\pi i yz/n} |z\rangle_{\mathcal{N}}$$

と作用するものです. U_{FT} を量子フーリエ変換といいます. 最終的な状態は,

$$\psi_3 = \frac{1}{n} \sum_{y,z=0}^{n-1} e^{2\pi i yz/n} |a^y + m\mathbb{Z}\rangle_{\mathcal{M}} \otimes |z\rangle_{\mathcal{N}}$$

であたえられます.

最後に後ろの N 量子ビットの基底で射影測定を行います. つまり, $\mathcal{N}$ 上のエルミート作用素

$$Z = \sum_{z=0}^{n-1} z P_z$$

に対応する極大オブザーバブル O_Z の測定を行うことになります. ただし, P_z は $\mathbb{C}|z\rangle$ への射影です. 測定結果は確率的なのですが, 実はある条件をみたす z だけが測定にかかることが, 以下のようにしてわかります.

前の M 量子ビットに着目しましょう. ψ_3 にあらわれているのは, $a^y \pmod{m}$ という形の番号の基底だけです. これは $y = 1, 2, \ldots$ としていくとある一定の周期で変化するだけです. 例えば, $m = 21$ としましょう. $\{a^y \pmod{21}\}_{y=1,1,2,\ldots}$ は, $a = 4$ なら

$$4, 16, 1, 4, 16, 1, 4, \ldots$$

のように周期 3 で, $a = 5$ なら

$$5, 4, 20, 16, 17, 1, 5, 4, \ldots$$

のように周期 6 で, という具合にです. その周期とは, a の位数 d のことです. そして, ψ_3 を測定することによってその周期がわかるようになっています.

a^y の周期性のために, ψ_3 の前から M 量子ビットの部分は $\mathcal{M}$ の d 次元部分空間 $\mathcal{D}$ に収まっています. $\mathcal{D}$ の正規直交基底は,

$$|a^y + m\mathbb{Z}\rangle_{\mathcal{M}}, \quad (y = 0, 1, \ldots, d-1)$$

です. $\mathcal{D}$ の正規直交基底として,

$$|\xi\rangle_{\mathcal{D}} = \frac{1}{\sqrt{d}} \sum_{y=0}^{d-1} e^{2\pi i \xi y/d} |a^y + m\mathbb{Z}\rangle_{\mathcal{M}}, \quad (\xi = 0, 1, \ldots, d-1)$$

をとりましょう. 逆に解くと

$$|a^y + m\mathbb{Z}\rangle_{\mathcal{M}} = \frac{1}{\sqrt{d}} \sum_{\xi=0}^{d-1} e^{-2\pi i \xi y/d} |\xi\rangle_{\mathcal{D}}, \quad (y = 0, 1, \ldots, d-1)$$

です. この基底のもとで, 終状態は

$$\psi_3 = \frac{1}{n\sqrt{d}} \sum_{\xi=0}^{d-1} \sum_{y,z=0}^{n-1} e^{2\pi i y z/n} e^{-2\pi i y \xi/d} |\xi\rangle_{\mathcal{D}} \otimes |z\rangle_{\mathcal{N}}$$

$$= \sum_{\xi=0}^{d-1} \sum_{z=0}^{n-1} c(\xi, z) |\xi\rangle_{\mathcal{D}} \otimes |z\rangle_{\mathcal{N}}$$

と書けます. ただし, 最後の係数は

$$c(\xi, z) := \frac{1}{n\sqrt{d}} \sum_{y=0}^{n-1} \exp\left[\frac{2\pi i y}{n}\left(z - \frac{n\xi}{d}\right)\right]$$

です.

　これは ψ_3 の形を書き換えているだけで, 物理的なユニタリー変換ではないです. a の位数 d を知らなくても, 内部でこのような構造になっているはずだということをみているだけです.

　上の形にしてみると, O_Z の測定で測定値 z をえる確率は,

$$P(O_Z = z) = \sum_{\xi=0}^{d-1} |c(\xi, z)|^2$$

と書けることがわかります. ところが, ほとんどの (ξ, z) の組に対して, $c(\xi, z)$ は複素平面の原点を中心とする円周上に散らばったたくさんの複素数の和です. そのような和はゼロに近い値をとります. 例外は,

$$z \approx \frac{n\xi}{d}$$

の場合です. 上の近似式がみたされるような組み合わせ (ξ, z) はそんなに多くありません. その組み合わせにあらわれるような z だけが測定にかかると期待でき

ます.

測定値が $O_Z = z$ だったとしましょう. 手持ちの数は, n と z だけです. すると,

$$\frac{z}{n} \approx \frac{\xi}{d}$$

となっているはずですから, この近似式をみたす自然数の組 (ξ, d) を, $1 \le \xi < d \le m-1$ という条件で探せばよいことになります. これによって, 位数 d として許される数の候補はかなり絞られます. それらの候補の中で, $a^d \equiv 1 \pmod{m}$ となっている d は多分いくつかあって, その中でも一番小さい数は, 実際に位数になっている可能性が高いと考えられます.

そうすると, $m = pq$ の素因数分解を行うには, 以下の手順を踏めばよいことになります. 素数 p, q の積 n があたえられたとき, 自然数 a を $1 < a < n$ の範囲でランダムに選びます. a と n が互いに素だったとして, a の mod m における位数 d を量子コンピューターで求めます. もし d が奇数だったら失敗です. 別の a を選んでやり直します.

何度かやって, a の位数 d が偶数になったとします. すると, ある整数 b に対して

$$a^d - 1 = (a^{d/2} + 1)(a^{d/2} - 1) = bm$$

となっています.

$(a^{d/2} - 1)$ が m の倍数だということはありません. a は d 乗して初めて mod m で 1 になるからです.

一方で, $(a^{d/2} + 1)$ が m の倍数になっているかもしれません. もしそうなら失敗なので, はじめからやり直します.

何回かやり直せば, d が偶数で, $(a^{d/2} + 1)$ が m の倍数になってないような a が見つかるでしょう. そのときは, $(a^{d/2} + 1)$ が m の因数のうちの一方, 例えば p の倍数で, $(a^{d/2} - 1)$ が q の倍数となっています. あとは,

$$p = \gcd(a^{d/2} + 1, m),$$
$$q = \gcd(a^{d/2} - 1, m)$$

をユークリッドの互除法で求めれば p, q が求まります.

文　献

1) C. J. Isham (佐藤文隆, 森川雅博 訳),『量子論—その数学および構造の基礎』(吉岡書店, 2003)
2) 山内恭彦, 杉浦光夫,『連続群論入門』(培風館, 1960)
3) T. Tao (舟木直久, 乙部厳己 訳),『ルベーグ積分入門』(朝倉書店, 2016)
4) 前田周一郎,『束論と量子論理』(槇書店, 1980)
5) M. Jammer (井上健 訳),『量子力学の哲学 (上)/(下)』(紀伊國屋書店, 1983/1984)
6) M. Redhead (石垣壽郎 訳),『不完全性・非局在性・実在主義—量子力学の哲学序説』(みすず書房, 1997)
7) B. d'Espagnat (亀井理 訳),『量子力学と観測の問題—現代物理の哲学的側面』(ダイヤモンド社, 1971)
8) P. Gibbins (金子務, 宇多村俊介 訳),『量子論理の限界』(産業図書, 1992)
9) F. Selleri (櫻山義夫 訳),『量子力学論争』(共立出版, 1986)
10) A. Fine (町田茂 訳),『シェイキーゲーム—アインシュタインと量子の世界』(丸善, 1992)
11) M. A. Nielsen, I. L. Chuang (木村達也 訳),『量子コンピュータと量子通信 I/II/III』(オーム社, 2004/2005/2005)
12) R. F. Streater, A. S. Wightman, *PCT, Spin and Statistics, and All That* (Princeton University Press, 2000)
13) M. Reed, B. Simon, *Methods of Modern Mathematical Physics II: Fourier Analysis, Self-Adjointness* (Academic Press, 1975)
14) I. Bengtsson, K. Życzkowski, *Gometry of Quantum States* (Cambridge University Press, 2006)
15) I. Duck, E. C. G. Sudarshan, *Pauli and the Spin-Statistics Theorem* (World Scientific, 1998)
16) H. Everett III (J. A. Barrett, P. Byrne (eds.)), *The Everett Interpretation of Quantum Mechanics: Collected Works 1955–1980 with Commentary* (Princeton University Press, 2012)
17) J. L. Park, H. Margenau, *Int. J. Theor. Phys.*, **1**, 211–283 (1968)
18) I. D. Ivanovic, *J. Phys. A*, **14**, 3241–3245 (1981)
19) A. M. Gleason, *J. Math. Mech.*, **6**, 885–893 (1957)
20) L. P. Hughston, R. Jozsa, W. K. Wootters, *Phys. Lett. A*, **183**, 14–18 (1993)
21) W. Pauli, *Phys. Rev.*, **58**, 716–723 (1940)

索　引

著者略歴

井田大輔
<ruby>井<rt>い</rt></ruby><ruby>田<rt>だ</rt></ruby><ruby>大<rt>だい</rt></ruby><ruby>輔<rt>すけ</rt></ruby>

1972 年　鳥取県に生まれる
2001 年　京都大学大学院理学研究科博士課程修了
現　在　学習院大学理学部教授
　　　　博士（理学）

現代量子力学入門　　　　　　　　　　定価はカバーに表示

2021 年 7 月 1 日　初版第 1 刷

著　者　井　田　大　輔

発行者　朝　倉　誠　造

発行所　株式会社　朝　倉　書　店
　　　　東京都新宿区新小川町 6-29
　　　　郵 便 番 号　162-8707
　　　　電　話　03 (3260) 0141
　　　　F A X　03 (3260) 0180
　　　　http://www.asakura.co.jp

〈検印省略〉

中央印刷・渡辺製本

ISBN 978-4-254-13140-6　C 3042　　　　Printed in Japan

学習院大 井田大輔著

現 代 解 析 力 学 入 門

13132-1　C3042　　　　Ａ５判 244頁 本体3600円

最も素直な方法で解析力学を展開．難しい概念も，一歩引いた視点から，すっきりとした言葉で，論理的にクリアに説明．Caratheodory-Jacobi-Lieの定理など，他書では見つからない話題も豊富．

前東大 清水忠雄監訳
元産総研 大苗 敦・産総研 清水祐公子訳

物理学をつくった重要な実験はいかに報告されたか
――ガリレオからアインシュタインまで――

10280-2　C3040　　　　Ａ５判 416頁 本体6500円

物理学史に残る偉大な実験はいかに「報告」されたか．17世紀ガリレオから20世紀前半まで，24人の物理学者による歴史的実験の第一報を抄録・解説．新発見の驚きと熱気が伝わる物理実験史．クーロン，ファラデー，ミリカン，他

京大基礎物理学研究所監修　国立台湾大 細道和夫著

Yukawaライブラリー 2

弦 と ブ レ ー ン

13802-3　C3342　　　　Ａ５判 232頁 本体3500円

超弦理論の成り立ちと全体像を丁寧かつ最短経路で俯瞰．〔内容〕弦理論の基礎／共形不変性とワイルアノマリー／ボソン弦の量子論／超弦理論／開いた弦／1ループ振幅／コンパクト化とT双対性／Dブレーンの力学／双対性と究極理論／他

前学習院大 江沢 洋・前駿台予備校 中村 徹著

シリーズ〈物理数学〉2

ブ ラ ウ ン 運 動

13792-7　C3342　　　　Ａ５判 336頁 本体5400円

基礎現象の発見・定式化から，確率積分，経路積分等による表現までを俯瞰，演習問題付き．〔内容〕確率論からの準備／ブラウン運動／確率積分と確率微分方程式／経路積分と量子力学／ブラウン運動しながら測った場の量の長時間平均

前阪大 占部伸二著

個 別 量 子 系 の 物 理
――イオントラップと量子情報処理――

13123-9　C3042　　　　Ａ５判 232頁 本体4000円

1～数個の原子やイオンをほぼ静止状態で分離し，操作するイオントラップの理論と応用を第一人者が解説．〔内容〕イオントラップ／原子と電磁波の相互作用／イオンのレーザー冷却／量子状態の操作と測定／量子情報処理への応用／他

前東大 大津元一編著　前京大 小嶋 泉

ここからはじまる量子場
――ドレスト光子が開くオフシェル科学――

13133-8　C3042　　　　Ａ５判 240頁 本体3800円

量子光学や物性の理解に役立つ量子場の理論を丁寧に解説．〔内容〕量子場とは／ドレスト光子とオフシェル／量子論への導入／量子場理論の入門／マクスウェル方程式の再考／ドレスト光子の諸現象／量子場・オフシェル科学の展望

前阪大 窪田高弘著

シリーズ〈これからの基礎物理学〉2

初歩の量子力学を取り入れた **力　　　　　学**

13718-7　C3342　　　　Ａ５判 240頁 本体3400円

古典力学と量子力学の有機的な接続に重点を置き，二つの世界を縦横に行き来することで力学理論のより深い理解を目指す新しい型の教科書．解析力学による前期量子論の構築という物理学史的な発展を遠景に，知的刺激に溢れる解説を展開．

京産大 二間瀬敏史著

相 対 性 理 論
――基礎と応用――

13137-6　C3042　　　　Ａ５判 224頁 本体3500円

特殊および一般相対性理論を解説した現代的な入門書．〔内容〕特殊相対性理論／ミンコフスキー時空のベクトルとテンソル／一般相対性理論／リーマンテンソル／アインシュタイン方程式／線形近似／重力波／回転するブラックホール／ほか

安東正樹・白水徹也編集幹事　浅田秀樹・石橋明浩・小林 努・真貝寿明・早田次郎・谷口敬介編

相 対 論 と 宇 宙 の 事 典

13128-4　C3542　　　　Ａ５判 432頁 本体10000円

誕生から100年あまりをすぎ，重力波の観測を受け，さらなる発展と応用の期待される相対論．その理論と実験・観測の両面から重要項目約100を取り上げた事典．各項目2～4頁の読み切り形式で，専門外でもわかりやすく紹介．相対論に関心のあるすべての人へ．歴史的なトピックなどを扱ったコラムも充実．〔内容〕特殊相対性理論／一般相対性理論／ブラックホール／天体物理学／相対論的効果の観測・検証／重力波の観測／宇宙論・宇宙の大規模構造／アインシュタインを超えて

上記価格（税別）は 2021 年 6 月現在